达尔文导读

一场持久的论争

HOW TO READ DARWIN

MARK RIDLEY

［英］马克·里德利 著 石雨晴 译

中信出版集团 · CHINACITICPRESS · 北京

图书在版编目（CIP）数据

一场持久的论争：达尔文导读 / （英）里德利著；
石雨晴译.—北京：中信出版社，2015.11
书名原文：How to Read Darwin
ISBN 978-7-5086-5522-2

I. ①一… II. ①里… ②石… III. ①达尔文学说－
普及读物 IV. ①Q111.2-49

中国版本图书馆CIP数据核字〔2015〕第224036号

一场持久的论争：达尔文导读

著　者：[英] 马克·里德利
译　者：石雨晴
策划推广：中信出版社（China CITIC Press）
出版发行：中信出版集团股份有限公司
　　　　　（北京市朝阳区惠新东街甲4号富盛大厦2座　邮编　100029）
　　　　　（CITIC Publishing Group）
承 印 者：中国电影出版社印刷厂

开　　本：880mm×1230mm　1/32　　　印　张：5.75　　　字　数：89千字
版　　次：2015年11月第1版　　　　　印　次：2015年11月第1次印刷
京权图字：01-2014-4201
书　　号：ISBN 978-7-5086-5522-2 / Q·19　　广告经营许可证：京朝工商广字第8087号
定　　价：30.00元

目 录

　　"大师读经典"丛书基于一个很简单也很新颖的想法。大多数读者刚接触到伟大的思想家或作家时，所参考的入门书，要么是粗略介绍人物生平，要么是浓缩了他们主要作品的摘要，或是两者皆有。相比之下，"大师读经典"丛书则是让读者在学者向导的陪同下直接面对作品本身。其出发点在于，要想近距离地看清一位作家，你必须近距离地研读这位作家实际使用的词句，也必须弄清怎样读这些词句。

　　本丛书的每一本都是一堂大师阅读课。每位作者从某作家的作品中摘录十段左右的短小片段，并加以详细讨论，由此揭示作家的中心思想，进而敞开通往整个思想世界的大门。

这些引文有时是按时间顺序排列，好让读者把握思想家在各个时间的发展阶段，有时则不是。本丛书绝不仅仅是汇编了该思想家最著名的"最热精选"文段，而是把一系列线索和钥匙交到读者手上，由读者继续下去，自己去发现。除了文本和解读以外，每本书都给出了简短的人物年表，以及延伸阅读建议、网络资源等等。"大师读经典"丛书不敢说能告诉你关于弗洛伊德、尼采、达尔文、莎士比亚你所需要知道的一切，但绝对能带给你进一步探索的最佳切入点。

"大师读经典"丛书所提供的，并非塑造我们智力、文化、宗教、政治和科学景观之思想的第二手版本，而是与这些思想交会的第一手新鲜信息。我们热切期盼，这套书会逐步带给你知识、兴趣、勇气乃至喜悦。

西蒙·克里奇利

纽约社会研究新学院

　　我们应该如何阅读达尔文？他是著名的历史人物，曾掀起过生物学革命，不过，他对现代文化的影响可不仅止于生物学领域，还涉及哲学、人文科学、神学、软件工程、文学、造型艺术等方方面面。因此在阅读过程中，我们应思考他所写的内容与人类重大思想主题间存在何种关系。他是一位智者，若能放下他的历史影响，就像一场私人间的对话般去读他，那将是一场令人心醉神迷的阅读之旅。他见闻广博，几乎总能说出点新颖的东西来，对你有所启发。与这样一位智者交流是人生的一大乐事。你能迅速看懂他的思维方式；他喜欢尽可能多地搜集事实证据，而且搜集证据的渠道之广令人叹服。在研究过程中，他喜欢建立一套抽象、普世的理论，以便为研究对象的所有关键特征做出合理解释。他总能凭借智慧与坦率克服思想上的重重困境，这是十分难得的。

达尔文还是一位多产的作家。除了影响甚广的《物种起源》(*On the Origin of Species*) 外，他还著有其他大量作品，且涉及主题相当丰富，比如珊瑚礁、藤壶、蚯蚓和兰花。他根据乘坐"小猎犬号"航行的亲身经历创作了一本游记，另外还有一本自传。在本书中，与《物种起源》相关的内容所占篇幅最多，因而对其他著作的关注相应少些，这虽非我所愿，但也无法避免。我还会重点讨论另一本名气可能仅次于《物种起源》的书——《人类的由来》(*The Descent of Man*)，最后，我会与大家分享《人类和动物的表情》(*The Expression of the Emotions in Man and Animals*) 一书的主要观点。

我们应该将达尔文的作品当作历史读物还是科学读物？从科学读物角度来说，达尔文给予后续研究的启发绝不会输给古往今来的任何一个人，现代科学工作者对他的每一个微小观察都进行了研究，并有大量后续发现。我觉得，读者不仅想了解达尔文当时在想什么、在说什么，还想知道，当人们进行了长达 150 年的后续研究后，是否依旧认为他的理论是正确的。

若从历史读物角度出发，我的目标就是走进他的大脑——设法了解他的思维方式。对此，我更青睐哲学家、历史学家 R. G. 科林伍德（R. G. Collingwood）的做法，他建议我们阅读时要以了解他人所提的问题为目标。他们心里的问题也许表达得不够明确，但你若能把问题推敲出来，那么，他们作品中剩下的内容往往就更易于理解了。达尔文从农业以及自然史更为晦涩的分支中搜集了大量证据，当这些证据如连珠炮般迎面射来时，我们应该问的是，达尔文在此处提出的问题究竟是什么。当面对抽象的推论时，我们应该问的是，达尔文打算用这个推论回答什么问题。如此一来，我们便能逐渐理解过去的人在想些什么。科林伍德的方法迫使我们成为一名主动的阅读者，主动寻找字里行间的意义，而不是希望在被动阅读中自动吸收到些什么。

许多读者都不会满足于只了解生活在过去那个时代中的达尔文。达尔文涉猎之广、成就之大，是无法只留给历史学家去研究的。时至今日，他依旧具有广泛的影响力，而我也喜欢以现代视角去阅读他的作品。举例来说，达尔文对遗传的复杂理解已被普遍摈弃，并被遗传学所取代。不过，我们如今对遗传学和 DNA 的了解其实反倒进一步证实了达尔文主要思想的正确性，若他泉下有知，一定会为这些进步感到高兴。因此，对绝大多数读者来说，从遗传学角度去理解达尔文的进化论思想比从达尔文自己的遗传理论角度出发更加合理。

对现代读者而言，达尔文有一个巨大优势是所有伟大的科学作家以及诸多伟大的综合型作家都无法与之比肩的。他的作品不仅意义重大，而且易读易懂。他的著作是为与他同时代的普通读者而写的，作品中会包含简单的技术细节，但不会有深奥的数学知识。非专业人士如果想要阅读哥白尼、牛顿或爱因斯坦的著作，很可能会无功而返。许多近代科学家的著作也是如此，他们的重要性自不必说，但只有同为专家的少数人才能够读懂他们的文章。达尔文几乎可算是他们中唯一的例外了。只有当大批受过教育的读者对某些重大科学问题产生兴趣时，他才会就此著书立说，为他们答疑解惑。早期科学家容易迷失在历史中，而近代科学家则容易迷失在专门化与学术性中。对绝大多数人来说，若想要接触到这些重大的科学思想，只能通过教育媒介或科普读物。这些教育图书、通俗读物作家的个人水平可能是顶尖的，但阅读经他们咀嚼过的内容与直接阅读原著的效果是永远不可能等同的；而达尔文的《物种起源》就是让我们可直接阅读原著之作。

第一章

『一场持久的论争』：《物种起源》之一

达尔文曾称《物种起源》为"一场持久的论争"，这场论争可以拆分为两个更易处理的部分。第一部分考虑的是，现代生命形式是通过进化还是特别创造（separate creation）形成的。达尔文支持的是进化论，并为之提供了理由和证据。不过，达尔文使用的说法是"兼变传衍"（descent with modification）而非"进化"（evolution）。"进化"这一术语于1859年达尔文著作出版后不久才开始为人们所使用。根据进化理论，地球上千奇百怪的生命形式——树和花、虫与鲸——都源自共同的祖先。这些祖先与它们的现代后裔间差别巨大。另一种观点是单独创造理论，或称特创论（creationism），对此达尔文提出了证据予以反驳。根据单独创造理论，现代生物与其祖先在外形上非常相似，且千奇百怪的现代生物都源自不同的而非共同的祖先。宗教版本的单独创造理论还声称，每一种生命形式都是上帝用超自然力量单独创造而成的。达尔文据理反对特创论，但不反对宗教；他否认不同物种起源不同的说法，但并不否认上帝的存在。

《物种起源》第二部分考虑的是何种过程导致进化发生。达尔文认为，被他称为自然选择（natural selection）的过程就是进化发生的原因。他在书中分别论证了进化与自然选择，论证内容有重叠。《物种起源》的前几章，尤其是第三、四、六、七、八章，侧重对自然选择的论证，后几章（九至十四章）侧重对进化的论证；不过，你在该书的每一章里都会偶尔看到二者同时出现。

《物种起源》的前两章讨论遗传和变异。遗传（亦称为继承）指，后代在某些方面与父母相似：若父母的身高高于平均水平，其子女身高往往也会高于平均水平。自达尔文时代起，人们就一直在设法弄懂这种生物学机制，而它就是遗传的基础。如今，我们已知遗传是由基因和DNA（脱氧核糖核酸）引起，但在达尔文那个时代，遗传机制还是未解之谜。变异指一个种群（或一个样本）中存在的个体差异。从下文节选的原书内容可看出，达尔文倾向于用"个体变异性"（individual variability）来称呼现代生物学家口中的"变异"（variation）。不过，这两种说法不涉及时间性，都指存在于同一物种内部的各种不同形态。从这个意义上说，人类的变异表现在个头儿、性格、肤色等各个方面，口语中通常称之为多样性（diversity）。该词从动词"变化"（vary）衍生而来，通常指逐渐发生的改变。不过，现代生物学家都选择用"变异"来描述所有个体间的差异，无论其出现时间几何，而倾向于用"多样性"来描述物种间的差异。"生物多样性"则用于描述一切生物，从微生物到珊瑚礁，再到热带丛林。

达尔文的整个理论都构筑在遗传与变异的基础之上，因此他选择以此开篇。达尔文的理论离不开遗传：如果某一物种的新类型（即变异体）未能遗传给后代，那么进化就不会发生，自然选择就不会发挥作用。达尔文从农业变种与鸽类育种中搜集了相关证据，并借此证明了遗传与变异的存在。不过，这并非让现代读者与该理论进行初次接触的最佳方式。现代作家会选择从遗传学入手。我们与达尔文对进化理解的最大不同就在于遗传。在纯理论层面，达尔文的论证是天衣无缝的。他真正需要说明的是，遗传总会以某种方式发生，且变异真实存在。不过，人们现在对他就这两个话题的详尽论述已不再感兴趣了。

达尔文在第三章和第四章介绍了自然选择理论。首先，他将自己早期搜集到的关于遗传与变异的素材与将要讨论的理论联系起来，然后再给出自然选择理论的概述。

在进入本章的主题之前，我得先做些初步的阐述，以表明生存斗争如何与**"自然选择"**相关。在前一章里业已见到，在自然状态下，生物中是存在着一些个体变异性的；事实上，我知道，对此从来就未曾有过任何的争议。把一些悬疑类型称作物种，还是亚种，抑或变种，对于我们来说，都无所谓；譬如，只要承认任何显著的变种存在的话，那么，无论把不列颠植物中两三百个悬疑类型列入哪一个阶元，也都无伤大雅。然而，光知道个体变异性的存在以及某些少数显著变种的存在，作为本书的基础尽管是有必要的，但无助于我们去理解物种在自然状态下是如何起源的。

生物组织结构的这一部分对另一部分及其对生活条件的所有巧妙的适应，此一独特的生物对于彼生物的所有巧妙的适应，这些是如何臻于至美的呢？我们目睹这些美妙的协同适应，在啄木鸟和槲寄生中，最为清晰；仅仅略逊于如此清晰的，则见于附着在哺乳动物毛发或鸟类羽毛上的最低等的寄生虫、潜水类的甲壳虫的结构、随微风飘荡的带有冠毛的种子；简言之，我们看到这些美妙的适应无处不在，在生物界随处可见。

再者，可以作如是问：在大多数情况下，物种间的彼此差异，显然远远超过同一物种里的变种间的差异；那么，变种（亦即我所谓的雏形种）最终是如何变成实实在在的、独特的物种的呢？一些物种群（groups of species）构成所谓不同的属，它们彼此之间的差异，也大于同一个属里的不同物种间的差异；那么，这些物种群又是如何产生的呢？诚如我们在下一章里将更充分地论及，所有这些结果可以说盖源于生存斗争。由于这种生存斗争，无论多么微小的变异，无论这种变异缘何而生，倘若它能在任何程度上、在任何物种的一个个体与其他生物以及外部条件的无限复杂的关系中，对该个体有利的话，这一变异就会使这个个体得以保存，而且这一变异通常会遗传给后代。其后代也因此而有了更好的存活机会，因为任何物种周期性地产出的很多个体中，只有少数得以存活。我把通过每一个微小的（倘若有用的）变异被保存下来的这一原理称为**"自然选择"**，以昭示它与人工选择的关系。我们业已看到，通过累积**"自然"**之手所给予的一些微小但有用的变异，人类利用选择，确能产生异乎寻常的结果，且能令各种生物适应于有益人类的各种用途。但是，正如其后我们将看到，**"自然选择"**是一种"蓄势待发、随时行动"的力量，它无比地优越于人类的微弱的努力，宛若"天工"之胜于**"雕琢"**。①

这段引文首先区分了物种起源的两大主要内容——进化与自然选择，然后论述了变异（即"个体变异性"）及其与更高级群体间的关系。

生物学家对生物进行了群体等级划分。"动物"和"植

---

① 本书第一章至第六章中的引文，以及正文中相关术语，中译文均参考或援引译林出版社 2013 年版《物种起源》（苗德岁译）。——译者注

物"这样的群体等级范围最广，下一个等级则包括了脊椎动物、哺乳动物、灵长类动物、猿和人类等群体，最低一级通常就是物种（人类是一个物种）。不过，达尔文还提到了两个比物种还要低的等级——亚种和变种。它们并非截然不同的两个类别，它们所描述的都是物种内部某些独特且可识别的群体。"变种"一词他用得更多一些。同一品种的狗（鬈毛狗、獒等）或同一地理种族（geographic race）都属于变种。在物种等级之上紧接着就是属。举个例子，人类的属是人属（Homo），其中包括了我们和一些业已灭绝的近缘物种。

　　能在两个生物个体间看到的那种差异就是个体变异，也是规模最小的变异。"变种"间的差异度则更大一些：两条獒只会在某些细节上存在差异，但獒与圣伯纳德犬之间就会存在更为显著的差异了。达尔文重视变异的原因在于，它能动摇特创论的根基。一些人认为每个物种都是经单独创造而成，他们往往也认为每个物种都是一种不同的生物类型，即与其他生物类型有着显著区别。不过，不同变种间差异程度也有所不同，有的可能类似，有的稍有不同，而有的甚至比不同物种的个体间差异还大。因此，物种间彼此毫无联系的想法是幼稚的。你若仔细观察，就会发现物种内部的变异能模糊不同物种间的差异。假如你是特创论者，正设法详细说明何种存在是经单独创造而成，那么你就会快速陷入绝望的困惑之中。物种、变种或个体变异是不是单独创造的呢？似乎任何答案都会显得武断，毕竟在差异程度上它们会有重叠。生物的存在形式并非截然不同的。

变异在自然选择理论中也很重要。在上述引文中可以看到，达尔文以有趣的方式和概括性的话语对这一问题做了说明。他问了两个问题：如何解释适应？如何解释持续的渐进式变化？若要提出关于进化动因的理论，就必然得面临这两个问题的考验。若无法解释适应与持续的渐进式变化，那么该理论就存在缺陷。

适应是生物学上的基本问题。达尔文（和现代生物学家）将其当作专业的技术术语使用，与其在口语中的用法稍有差异。在口语中，适应通常指逐渐发生的变化。我们可以说某人在"适应"新工作，即他们在调整自己的行为，以适应新的环境。而当达尔文谈论"一切巧妙适应"时，他指的是诸如手、眼等结构会根据某种生物的生活方式进化出与之高度契合的形态。以眼睛为例，它需要具备视物功能，而其内部由晶状体和感光细胞构成的光学结构便成就了它的这一功能。

这就是所谓的适应。适应就是生物躯体（或行为）与其生存方式的高度契合。

　　适应是一种特殊的、高度非随机的自然状态，但凡发生必定事出有因，它不会自发或随机地出现。在达尔文之前，曾有许多人将其解释为上帝的超能力使然。大自然中的适应为证明上帝存在提供了主要的哲学论证之一，即设计论证（argument from design）。达尔文的自然选择理论令"上帝存在"这一假设失去了存在的必要，至少在解释自然界中的适应这个方面确是如此。

　　正如前面引文中的概述，以及我们将在第二、三章中进一步了解到的内容所言，自然选择确实成功解释了适应。不过，关于进化的理论还有很多，只是绝大多数都未能通过这第一个考验。举个例子，自达尔文以后，一些生物学家提出，进化会因特殊、罕见、巨大的基因改变——有时被称为大突变（macro-mutation）——而发生跨越式的发展。DNA的变化并没有产生适应这一特定倾向；变化结果或好或坏，其几率各占一半。（确实，在已经充分适应的生物身上，大的改变往往都是坏的。）进化的大突变理论无法解释适应，因此，在达尔文看来，该理论也倒在了第一道关卡上。

在某些方面，现代生物学家并没有如达尔文那般重视这第一关——该理论是否能解释适应，而且他们比达尔文更重视随机的渐进式变化。如今，自然选择和随机遗传漂变（random genetic drift）已被认可为导致渐进式变化的两大主要过程。也就是说，正如达尔文所言，自然选择并非导致进化的唯一原因；若某一基因（或某个DNA片段）有两种同样优质的版本，且其中一种在世代繁衍过程中比另一种更加幸运，得以遗传给后代，那么也会导致进化的发生。人们对随机渐进式变化的重新重视得益于DNA的发现。达尔文只了解肉眼可见的生物性状，所关注的也只是这些性状的进化。生物身上几乎一切显著、可见的属性都是适应，而且这些属性几乎无一例外地都是自然选择的结果。随机遗传漂变无法驱动适应性进化——因为据其定义就能知道，适应几乎都是非随机的。不过，事实已经证明，适应性进化只占DNA渐进式变化的一小部分。而人类DNA中真正具有编码作用的可能仅占5%左右，余下的95%可能（尽管尚未完全确定）主要是"垃圾DNA"（junk DNA）：经复制，从父母传给子女的无害但基本没什么用处的DNA。这些垃圾DNA上出现的进化就是非适应性且随机的，它们不可能具备适应性，因为这些

DNA无法为人体编码出任何东西。

达尔文与现代人之间这种从非随机进化到随机进化的重点转移，源自思维方式的转变，我们现在倾向于从DNA改变的角度来思考进化。若达尔文也能像我们一样了解DNA的话，他很可能也会认同，绝大多数进化都是由随机过程而非自然选择驱动的。举个例子，人类及老鼠的DNA测序工作已基本完成，人类DNA共含有约30亿个碱基。1亿年前，我们与老鼠的共同祖先还在恐龙的阴影中爬行，而在此后的1亿年中，约六分之一（即5亿个）的碱基发生了变化。不过，要让我们的哺乳类祖先进化为人，所需变化的碱基数量可能仅为2500万个左右。相对的，在这5亿个碱基中，差不多有4.75亿个发生的是随机进化。自然选择仍然可以解释为什么我们的身体能进化得如此恰到好处，但如今，随机进化过程已不可避免地吸引了我们的大量关注。这与达尔文著书立说时的情况不同。

达尔文提出的第二个问题，即任何进化理论都要接受的第二项考验，是该理论能否解释渐进式变化。进化理论必须能够全面地解释生物多样性，如果它只能解释小规模的进化，或不同于地球生物模式的进化，那么这个理论就存在缺陷。

生物多样性有一种分级模式，反映在其物种、属等等级的分类上。据推测，出现这一模式的原因在于，不同生物类型倾向于朝不同方向进化，即逐渐分异。就不同的生物类型而言，若其共同祖先距今较近，那么它们仍然相对类似；但若其共同祖先距今较远，那么它们之间的差异就会相对显著。因此，达尔文一直在寻求这样一种理论：不同生物类型逐渐向不同方向进化，甚至会迫使对方逐渐走上与自己不同的道路。达尔文在探讨"生存斗争"时的许多言论都源自他对这一理论的追寻。达尔文认为，最激烈的竞争存在于种群内部不同个体之间，而非不同的族群或物种之间，在这一理解上，几乎无人与他相似。正如我们将在下一章中了解到的，这一理解引领他得出了"性状分异原理"（principle of divergence），该原理便可解答他关于进化的第二个问题。本章引文最末处，达尔文提到了自然选择与人工选择之间的关系，这一点非常值得注意。人类会有选择地用那些产奶量高或羽毛亮丽的个体进行育种，培育出农业变种和家养变种（比如家鸽）。在这个话题上，达尔文是专家，他每次思考自然选择，都会反复用到这个类比。现代作家鲜少以这种方式介绍自然选择理论，很可能是因为现代人对此已越来越陌生了。但达尔文的读者会迅速被他带进这个世界，在这里，科学与农业间存在确凿无疑、无可争议的合作关系。

当年，人们对达尔文的进化论与自然选择理论反应不一。其实早在达尔文之前，进化（物种随时间发展逐渐改变）就已被多次提出，并流行多时。古希腊著作中便有相关论述，只是在此之后，该观点一直备受争议与批评。待到19世纪初及中叶，公开认可进化的生物学家人数就趋近于零了；不过，到19世纪末，公开反对进化的生物学家反倒成了少数：这一改变主要得归功于达尔文。诸多抑或绝大多数生物学家都认为，达尔文关于进化的论据令人信服。达尔文理论中的这种进化形式有别于其他进化理论，但这些差异仅在于细节；进化本身已经成为生物学主流的一部分。

自然选择理论则更具原创性。在达尔文之前，该理论虽有一些雏形，但并没有人将其研究透彻，故未产生实际影响。达尔文发现了自然选择如何发挥创造力，以及如何利用它从本质上解释所有的生物进化，这是前人想都未曾想过的。达尔文刚提出自然选择理论时，几乎无人理解，人们几乎一概选择了无视或抗拒。直到20世纪上半叶，自然选择理论才逐渐受到生物学家的认真看待，到了1950年前后，它可解释进化的理论地位才得到广泛接受。

实际上早在 19 世纪 30 年代末，达尔文就想到了自然选择理论，只是并未对外发表。他当时正打算以此为主题写一本巨著，但并不着急动笔。1857 年，达尔文收到阿尔弗雷德·拉塞尔·华莱士（Alfred Russel Wallace，1823—1913）的一封信。二人的理论几乎一模一样。华莱士与达尔文一样，都是曾环游世界的英国博物学家。那封从马来亚寄来的信成了达尔文采取行动的诱因。华莱士在信中向达尔文介绍了自己构思的进化理论，与达尔文的理论不谋而合。1858 年，达尔文与华莱士共同发表了自然选择进化论，这也是该理论的首次公开。但论文并未引起重视。在此期间，达尔文开始对该理论不断加以充实，最终成果篇幅堪比一本书。他说这是为自己创作中的"物种巨著"所写的摘要。那篇所谓的摘要就是《物种起源》，它不但没有被忽视，还引发强烈轰动。作为自然选择进化论的主要作者和创始人之一，华莱士总是非常大方地将功劳算在达尔文身上；但我们应该记住，有这样一个人，达尔文的所有独创性观点，他几乎都想到了，在时间上也不输达尔文多少。

第二章

自然选择：《物种起源》之二

由于所有的生物都有着高速繁增的倾向，因此必然就会有生存斗争。每种生物在其自然的一生中都会产生若干卵或种子，它一定会在其生命的某一时期，某一季节，或者某一年遭到灭顶之灾，否则按照几何比率增加的原理，其个体数目就会迅速地过度增大，以至于无处可以支撑它们。因此，由于产出的个体数超过可能存活的个体数，故生存斗争必定无处不在，不是同种的此个体与彼个体之争，便是与异种的个体间做斗争，抑或与生活的环境条件做斗争。这是马尔萨斯学说以数倍的力量应用于整个动物界和植物界；因为在此情形下，既不能人为地增加食物，也不能谨慎地约束婚配。虽然某些物种现在可以或多或少迅速地增加数目，但是并非所有的物种皆能如此，因为这世界容纳不下它们。

毫无例外，每种生物都自然地以如此高的速率繁增，倘若它们不遭覆灭的话，仅仅一对生物的后代很快就会遍布地球。……

综上所述，我们可以得出一个极为重要的推论，即每一种生物的构造，通过最基本却又时常隐秘的方式，与所有其他生物的构造相关联；它与其他生物争夺食物或住所，或者不得不避开它们，或者靠捕食它们为生。这明显地表现在虎牙或虎爪的构造上；同时也明显地表现在黏附在虎毛上的寄生虫的腿和爪的构造上。但是，蒲公英美丽的、带有茸毛的种子，以及水生甲虫扁平的、饰有缨毛的腿，初看起来似乎仅仅与空气和水有关。然而，种子带有茸毛的好处，无疑和地上业已长满了其他植物密切相关；唯此，其种子方能广泛传播，得以落到未被其他植物所占据的空地上。水生甲虫的腿的构造，非常适于潜水，使它能与其他水生昆虫竞争，以猎取食物，且幸免成为其他动物的捕食对象。

很多植物种子里贮藏着养料，乍看起来似乎与其他植物并无任何瓜葛。然而，此类种子（譬如，豌豆和蚕豆）即令被播种在高大的草丛中，其幼苗也能茁壮地成长；我借此猜想，种子中养料的主要用途，乃利于幼苗的生长，以便与疯长在其周围的其他植物做斗争。……

性状分异。我用这一术语所表示的原理对我的理论是极为重要的，并如我所信可以用来解释若干重要的事实。……单就以下情形而论，这一原理能够应用而且确已应用得极为有效，即任何一个物种的后代，倘若在构造、体质、习性上越是多样化的话，那么，它们在自然组成中，就越能同样多地占有很多以及形形色色的位置，而且它们在数量上也就越能增多。……应该记住，那些习性、体质和构造方面彼此最为相近的类型，一般说来，它们之间的竞争尤为剧烈。因此，介于较早的和较晚的状态之间（亦即介于同一个种中改进较少的和改进较多的状态之间）的中间类型以及原始亲种自身，一般都趋于灭绝。

任何种群，只要满足一定条件，就会发生自然选择。第一个条件是，种群内部个体间出现了差异，即种群出现了变异；第二个条件是，后代与父母往往类似，即存在遗传；第三个条件是，该种群中某些类型的个体具备高于种群平均水平的繁殖率。当某一种群满足上述条件，其下一代中与繁殖成功率高的亲代同属一个类型的个体数量会上升。自然选择会推动生物逐渐朝更具适应性的方向发展，即最能适应当地环境的个体将成为繁殖成功率高的类型。

截至目前，该论证都是连贯的，但并不完善。达尔文不仅需要证明自然选择可以发挥作用，还需要证明它无处不在且具有强大的影响力，足以解释一切生物的一切适应性变化，以及生物的整体多样性。毕竟，批评家也许会在承认自然选择可发挥作用的同时否定其重要性，坚称自然选择只能解释少数的适应性变化。即便现在，仍有一些批评家这样认为。

达尔文从生态学角度论证了自然选择作用的无处不在与强大。他的论证提到了生物与外界资源及竞争者间的关系。[当时还不存在"生态学"一词。生态学是一门研究生物与其周边环境间关系的科学，该术语是达尔文的追随者，德国人恩斯特·海克尔（Ernst Haeckel）于 1873 年创造的，直到 20 世纪中期才得到广泛使用。] 达尔文富有创造力地将"马尔萨斯学说"应用到了一切生物上。1798 至 1830 年间，托马斯·罗伯特·马尔萨斯（Thomas Robert Malthus，1766—1834）出版了论著《人口原理》（*Essay on the Principle of Population*），此后多次推出修订版。马尔萨斯认为，人口增速有超过食物供给增速的倾向。在达尔文那个时代，马尔萨斯的《人口原理》拥有广泛的读者群，就连达尔文本人也在自传中回忆道，19 世纪 30 年代末，他碰巧将该书作为一般读物阅读过。受其启发，达尔文才创造出自然选择理论。

达尔文意识到，不仅仅是人，所有生物的繁殖速度都有超过食物供给量可支撑水平的倾向。其结果就是生存竞争，也就是达尔文所说的生存斗争。他解释道，"斗争"只是个比喻，通常都不是真正肢体上的竞争或扭斗。任何物种，同一代中能活下来的都是少数。究竟什么属性才能提高物种后代的生存竞争力？这要视该物种的生活方式而定。我们肠道中的细菌、珊瑚礁中的珊瑚和丛林中的猴子有着各自不同的竞争方式。为了吸引鸟类为自己播种，槲寄生的种子会在彼此之间，以及与其他植物的种子展开有效竞争，达尔文思考过它们之间可能存在的竞争方式，并借此阐明了自己对"斗争"的理解。显然种子是无法打架的，但它们之间仍存在着比喻意义上的斗争。

生存斗争这一章暗藏了达尔文的双重目的。他想要说服读者相信，生存斗争导致自然选择。这一点反过来又能解释生物身上为什么会出现具备适应性的设计构造以及渐进式变化。不过，他还希望说服我们相信的另一件事是，尽管自然界表面看来一派祥和，但实际上生存斗争普遍存在且相当激烈。对此，他打了个很有名的比方："自然界也许可被比作一块由上万个楔子紧密排列而成的弹性面，这些楔子遭受着持续向内的敲击，有时是先打中这个，然后以更强的力打中另一个。"这里的"楔子"代表自然界中的繁殖与竞争单位。大自然这个系统被紧紧地捆绑在一起，生物及其竞争对手的持续繁殖意味着这种捆绑会越来越紧。

达尔文还敏锐地察觉到了物种间的生态关系网。在这一方面，他对三叶草、大黄蜂（会帮三叶草传粉）、老鼠（会吃掉大黄蜂的巢）和猫之间关系的分析最为著名。若某一地区的养猫爱好者数量增加，则势必会对当地的三叶草种群产生影响。达尔文的生态学观点认为，每个物种都会产生远超其可存活量的后代，这至少会引发该物种内部的激烈竞争，至于不同物种之间，也会出现程度较轻的竞争。另外，每个物种都与众多其他物种相关联，这就会（通过它们彼此间的关系网）带来微妙但令人惊讶的生存压力。借此，达尔文便能解释任一物种所具备的适应性设计的细节了。

如果你对生存斗争有简单了解，就能理解老虎为什么会有尖牙和利爪了。不过，要理解物种身上更加细微的适应性特征，必须得认真思考与该物种相关的一切生态关系。比如说，种子的大小会反映出亲本植株为其提供的养料数量。养料供给更充足的种子会长得更快，会在争夺阳光的竞争中战胜对手，会在拥挤不堪的有限空间中长得更好。对达尔文来说，生态关系与诸多不同的竞争形式是理解大自然中所有适应性设计的关键。

达尔文的生态学观点在他那个时代是很新颖的。他的同辈人中，无人曾切入到这一角度，究其主因，还是因为当时绝大多数生物学家都有医学背景。相对活生生的生物，他们更熟悉死人骸骨的构造。他们没能看到每个物种与其他物种之间，以及与自然环境中各种力量之间的关系网。达尔文则不同，他看到了物种如何改变自己以适应与天敌（比如寄生虫）、竞争者，以及资源提供者的相互作用。如今，达尔文的这一观点业已成为主流的正统思想。电视上的自然类节目总会或多或少出现偏达尔文风格的说明。想了解学术性的生态学，可阅读《物种起源》第三章。现代大学的标准生态学课本作者还会半开玩笑地说，想要直接将这章一字不漏复印下来，当作自己教材的第一章。即使达尔文没有创造进化论，他依旧会以生态学创始人的身份为人们所铭记。

达尔文在理解自然界中的适应形式时，用的是生态竞争，现代生物学家也沿用了他的这一做法。在针对适应的科学研究中，真正的主流确实是深化并拓展达尔文的推理方式，而非对其进行严肃修正。比如，达尔文曾讨论过，种子甚至在长成幼苗前也得经历一个竞争阶段。卵子必须受精才能产生种子。植物的受精过程发生在花粉落到植物雌蕊上之后。落到雌蕊上的每一粒花粉都会长出"花粉管"，花粉管会朝着卵子的方向生长，并在抵达卵子后，将雄株的DNA从花粉转移到卵子中，从而完成授精。不过，授精并没有上面所说的那么简单。任何植株都可能收到来自多个雄株的花粉，它们的花粉管很可能朝着同一卵子生长，进而导致花粉间的竞争。而此时种子都还没有形成呢。花粉已经进化出能让花粉管快速生长的适应性特质，它们甚至可能已进化出能够抑制其他花粉管生长的"阴招儿"。

花粉在抵达目的地前，必须先沾到授粉昆虫身上（我们暂时忽略植物能利用风和水来传播花粉的情况）。植物会绽放五彩斑斓的花朵以吸引昆虫，同时提供花蜜作为到访昆虫的奖赏。在现代生物学家眼中，花朵与雄孔雀等雄鸟的鲜艳羽毛有些许类似，都是一种适应性设计。本书第九章还将进一步探讨达尔文在这一问题上的观点。

正如前文所述，达尔文对自然选择的讨论是从两个问题开始的，这两个问题就是一切进化理论都需通过的两项考验：它能解释适应吗？它能解释生物树状的多样性吗？不过，相比自然选择，他对适应的论证更为人们所熟知，我个人对此也一直思考至今。现代生物学家思考适应及生态竞争的方式与达尔文仍有诸多相同之处。不过，达尔文对多样性论述，可能就更显陌生一些了。达尔文称之为"性状分异原理"，这个原理对他有着显而易见的重要性。他对该问题的论述与适应在《物种起源》中所占的篇幅相当。达尔文于19世纪30年代末首次想到自然选择，这个想法一出现，他便立刻知道要如何解释适应了。后来，在19世纪40年代初，他写了两篇关于自然选择导致进化的论文，尽管均未发表，但手稿都保存至今。我们可以看出，达尔文在19世纪40年代得出的理论与他1859年在《物种起源》中所发表的版本几乎别无二致。后者中出现的性状分异原理也成了二者唯一的明显区别。在达尔文的自传中，我们可以看到他如何利用该原理填补了他自己眼中的主要理论漏洞。因此，不懂性状分异原理就不可能读懂《物种起源》。

对此，达尔文提出的问题是，为什么进化总是朝着不同方向进行？为什么生物的分支又会不时地再次分化，且所产生的分支仍会沿着不同方向进化？生物分类法便反映了这种分异性。生物分类法采用的是18世纪瑞典博物学家林奈的发明，他署名时用的是自己的拉丁文化名卡罗卢斯·林奈乌斯（Carolus Linnaeus）。林奈分类法是等级制的；用达尔文的话说，它们总是"层层隶属的类群"（groups within groups），多个物种被划分为同一属，多个属被划分为同一科，以此类推。要出现这样的模式，演化谱系（evolutionary lineage）必定是逐渐朝不同方向发展的。同属物种的共同祖先距今较近，因此它们之间的分异程度不大。但同科各属的共同祖先距今较久远，分异程度也就更大。达尔文提出的问题是：这种普遍存在的分异模式是在何种力量的推动下形成的？为什么物种不在分异到一定程度后就稳定下来呢？或者这样说，它们为什么没有在一段时间后开始朝相同的方向进化呢？

　　在19世纪早期，这样的大群体套子群体的生物等级制度是生物学界的重大主题。达尔文对解释该问题的痴迷也许正好从一个侧面反映了它在当时的热议程度。一些现代生物学家认为，树状分异模式在进化过程中几乎是不可避免的。如果地球上的所有生物都源自单一的共同祖先，那么从那个祖先开始的进化，无论是何种类型，最终几乎无一例外是分异的，构成类似树状的模式。不过确实还有一些达尔文所不知道的例外。截然不同的进化分支也可能融合到一起，就像是高处的两根树枝一同生长，然后融合成一根树枝一样。在进化的某些节点上，两种不同的生物类型会融合为一。人体内的几乎所有细胞都含有DNA，它们分别存在于细胞内部的两个不同结构中。绝大多数DNA都位于细胞核中，但还有一些DNA存在于每个细胞都有的名为线粒体的结构中。这是因为线粒体的祖先是那些曾经独立生存的细菌，大概20亿年前，这种细菌侵入了其他细胞，或被其他细胞所吞噬，结果就诞生了一种"细胞套细胞"（cell-within-a-cell）的杂交结构，而人类及所有动物都是那场融合事件的后代。因此，进化并不总是分异的，只是分异占了绝大多数，因此达尔文对其缘由的论证非常值得了解。

达尔文的性状分异原理与相对竞争力有关。以知更鸟为例，我们可以考虑知更鸟之间，以及知更鸟与蜥蜴、鱼、昆虫、植物等其他远缘生物间的相对竞争力。一般来说，我们可以考虑同类型个体间，以及不同类型个体间的相对竞争力。类似生物间因所需资源类似，竞争也会更为激烈。鸟类也许会为种子、昆虫等食物或筑巢地而竞争，但它们不会与植物竞争阳光，不会与大型肉食动物竞争猎物。在拥挤的环境中，避免竞争的方式就是朝不同方向进化，以区别于与自己类似的其他生物。达尔文提出，同一物种变种间的竞争会导致它们进一步分化，直至形成不同物种。接着，这两个物种间的竞争会迫使它们继续朝不同方向进化，直至形成不同的属。性状分异原理会驱使所有演化谱系朝不同方向发展，最终就会形成大规模的树状进化模式。

达尔文对竞争有一套独特的思考方式。他认为竞争主要是种内过程，发生在同一种群内部的不同个体之间。在达尔文那个时代，也有一些人思考过竞争及其影响生物的方式，但他们往往将竞争视作种间过程,或可能发生于同一物种内部的不同族群间。与达尔文相比,他们缺少的主要是认为个体会为繁殖下一代而展开竞争这一观念。实际上,自然选择的另一发现者阿尔弗雷德·拉塞尔·华莱士似乎也曾认为竞争存在于变种间,而非个体间。这一点很重要,因为生物有许多特质是只有从种内竞争角度出发才能加以理解的。在第九章中,我们将看到达尔文如何在性选择理论中进一步完善种内竞争的概念。

性状分异原理与物种起源间的关系非常紧密。20世纪时曾冒出过一个有些玩笑式的说法,说达尔文根本没有在《物种起源》这本书中讨论过物种起源,书名有点儿误导读者,但达尔文对这个话题的关心是毋庸置疑的。他反问:"那么变种间的较小差异是如何扩大成物种间的较大差异的?"这话问得真是再直接不过了。在这一问题上,他与20世纪末绝大多数生物学家都不同,他选择从种间竞争角度给出答案,这一点我们将在第四章进一步说明。那些声称达尔文在物种起源问题上保持沉默的批评家,很可能是因为达尔文对该问题的结论与自己的想法相去甚远,所以将之忽略掉了。

今天的生物学家又是如何看待性状分异原理的呢?这个

问题很难回答。适应至今仍是生物学家的研究主题之一，但性状分异原理不同，人们并没有坚持对它进行讨论、调查和评价。个别生物学家总会时不时地"重新发现"它，并为它著书立说，事实是，生物学界对它从未产生过广泛持久的兴趣。生物学家不曾为解释大规模进化的树状结构绞尽脑汁。如果你拿着这个问题去请教生物学家，他们十有八九会说达尔文的答案与其他许多解释一样好，只是这其中可能仍存在其他起作用的过程。因此，性状分异原理旨在解释新物种如何进化，但它已不再被视作正统的解释了。

第三章

理论难点：《物种起源》之三

极度完善与极度复杂的器官。眼睛具有不可模仿的装置，可以调焦至不同的距离，接收不同量的光线，以及校正球面和色彩的偏差，若假定眼睛能通过自然选择而形成，我坦承这似乎是极为荒谬的。然而理性告诉我，倘若能够显示在完善及复杂的眼睛与非常不完善且简单的眼睛之间，有无数各种渐变的阶段存在的话，而且每一个阶段对生物本身都曾是有用的；进而如若眼睛委实也曾发生过哪怕是细微的变异，并且这些变异也确实是能够遗传的；加之，倘若该器官的这些变异或改变，对于处在变化着的外界条件下的动物是有用的；那么，相信完善而复杂的眼睛能够通过自然选择而形成的这一困难，尽管在我们想象中是难以逾越的，却几乎无法被认为是真实的。……

在探寻任一物种的某一器官完善化的各个渐变阶段时，我们应当专门观察它的直系祖先；但这几乎是不可能的，于是在每一种情形下，我们都不得不去观察同一类群中的物种，亦即来自共同原始祖先的一些旁系，以便了解在完善化过程中有哪些阶段是可能的，也许尚有机会从世系传衍的较早的一些阶段里，看到遗传下来的没有改变或几乎没有什么改变的某些阶段。

在现存的脊椎动物中，在眼睛的结构方面，我们仅发现了少量的渐变阶段，但是，在化石种中有关这方面我们一无所获。在这一大的纲里，我们大概要追寻到远在已知最低化石层之下，去发现眼睛的完善化所经历过的更早的一些阶段。

在关节动物（Articulata）中，我们可以展开一个系列，从只是被色素层所包围着的视神经且无任何其他机制开始；自这一低级阶段，可见其构造的无数过渡阶段存在着，分成根本不同的两支，直至达到相当高度完善的阶段。……它们显示在现生的甲壳类的眼睛中，有着很大的逐渐过渡的多样性；倘若我们考虑到，与业已灭绝类型的数目相比，现生动物的数目是多么小，那么，就不难相信（不会比很多其他构造的情形更难相信），自然选择能把一件被色素层包围着的和被透明膜遮盖着的一条视神经的简单装置，改变成为关节动物的任何成员所具有的那么完善的视觉器官。……

几乎不可能不将眼睛与望远镜相比较。我们知道这一器具是由最高的人类智慧经过长久持续的改进而完善的；我们会很自然地推论，眼睛也是经由多少有些类似的过程而形成的。但这种推论不是自恃高傲吗？我们有何理由可以假定造物主也像人类那样用智力来工作的呢？

上述引文来自《物种起源》的"理论的诸项难点"一章。在前面的章节中，达尔文已从正面角度论证了自然选择进化论。进入这一章，达尔文掉转话锋，开始探讨该理论的主要异议。这就是达尔文的特点，他会认真看待任何反对他理论的异议，或者说任何他知道或能想到的异议。他没有像律师一样争论，设法贬低、忽视这些异议，或转移人们的注意，而是选择主动将异议搬上台面，并对其进行仔细的调查。达尔文的著作自问世起就备受反达尔文主义者的"青睐"，并成为了他们批判他的最佳素材。他们很快发现，在达尔文所搜集的资料中，反对其观点的案例与支持的案例一样多，只是与达尔文不同，他们选择忽视后者。达尔文利用不确定、不完整的资料来构筑自己的论点，其论点所凭依的不过是推论。因此，他选择用反面案例来测试自身推论是否能稳稳地站住脚，这是很合理的做法。

直到今天，达尔文所讨论的诸项难点依旧是特创论批评家们的常见论点。达尔文的理论如何解释以眼睛为典型代表的"极度完善与极度复杂的器官"？眼睛既是摆在达尔文时代所有生物学理论面前的普遍难题，也是摆在达尔文理论面前的具体难题。达尔文深知这两点，并以此为基础展开了讨论。

这一普遍难题就是"设计论证"，即通过对大自然的观察论证上帝的存在。该论证的诞生可追溯到柏拉图，中世纪的基督教哲学家无休止地反复阐述这一论调。在达尔文时代，设计论证的一个著名版本来自英国神学哲学家威廉·佩利（William Paley，1743—1805）。达尔文毕业于剑桥大学，佩利的书曾是那里的固定教材。他的设计论证是这样说的：如果我们找到一些复杂的机械装置，比如手表，我们就可以推论它们一定是由某人所制，比如制表师。手表绝不可能是大自然的产物，它不可能在影响各自然元素的普通自然力的作用下，以某种方式自然生成。通过观察其部件，你能看出它是人为有意设计的，哪怕你不知道其目的到底为何，也能从其齿轮和弹簧的排列方式辨别出这一点。正如我们可以由复杂机械推论有机械设计师存在一样，我们也可以由自然界中的复杂生物推论出上帝的存在。

在达尔文的时代，设计论证是宗教的重要支撑之一，即使它并不算最重要或普遍通用的。这一点在英格兰尤为突出。作为一个新教国家，业已建立的英国圣公会无法通过追溯其教会、教士与耶稣使徒圣彼得之间的渊源来证明自身存在的合理性，这样的论证用在罗马天主教国家更合理一些。新教教会可设法从《圣经》（被适当解读的）的确切措辞中得出"基本教义"，以此证明自身存在的合理性。在16、17世纪，英国圣公会确实有那么一股思想向原教旨主义倾斜，只是在1660年王朝复辟后，人们将其与共和主义联系到一起，废而不用了。后来它们又形成了一种新的自我辩护方式，通常被称作"理性宗教"（rational religion），即通过对大自然的观察进行合理论证，引领人们接受基督教。佩利的论证就是一例。

达尔文并非第一个站出来批评设计论证的人，在他之前还有18世纪的哲学家休谟、康德等人，不过他们只提出了原则上的异议。他们指出，设计论证是不完备的。该论证假设，任何自然过程都不可能产生像眼睛这样的器官。不过，从原则上看，这类过程是存在的，因此手表与眼睛的类比站不住脚。在达尔文详细描述眼睛形成所经历的自然机制后，异议就更有说服力了。"理性宗教"没能通过达尔文这关。

达尔文的著作充满了对设计论证的影射和批评，但从未明确提及，毕竟这属于读者文化观念的一部分。不过，现代读者所受的教育中，也许从未出现过任何有关设计论证或"理性宗教"的内容。因此，我必须对达尔文思考的这一隐藏问题进行说明。正如引文末尾所示，达尔文正在从自然选择进化论的角度，对设计论证重新进行精确论述。引文最后一段开头，他顺着佩利的思路，将眼睛与人类设计的机械望远镜进行了对比。总的来说,望远镜之所以能制造出来,是因为有人先想到了。按照佩利的论证方式,下一步就是假设上帝也对眼睛做了一样的事情。"不过,我们是如何知道上帝也是如此行事的呢?"达尔文问。紧接着,他就描述了进化论中自然选择发挥创造作用的过程。首先,原始的眼睛由感光组织等各部分组成,不同个体的眼睛感光组织密度各不相同。眼睛越完善的个体,存活的后代数量也就越多,这种眼睛出现的频率也就越高。眼睛这个器官是经历数百万年时光一点一点形成的。它不需要在形成之前先找人做好设计。休谟与康德从原则上给出的论点现已由详尽无遗的细节充实完整。"设计论证"就是个谬论。

达尔文选择通过眼睛来探讨自然选择在生物进化中的作用,可能还有一个(不相关的)原因:眼睛的结构似乎无法通过自然选择进化形成。在达尔文的理论中,新结构的进化是一点一滴缓慢累加的,且累加的每一个小变化都必须是对生物体有益的。在眼睛内部,任一部分的改变似乎都必须辅以其他部分的相应变化才能有所增益。比如说,若晶状体形状改变,那么视网膜与晶状体周围肌肉的位置也必须随之改变。若瞳孔大小改变,那么视网膜上的感光细胞也必须随之变化。其他可依此类推。似乎任何单一改变都离不开其他相关变化的配合。

不过，若某一器官的进化必须有多个彼此独立的变化同时发生，那么这就不是自然选择能起作用的了。每一种变化在最初出现时都极为罕见，比如晶状体形状的改变，它们只会出现于一两个个体身上。这些个体也不太可能在自己眼睛的另一独立结构上，恰巧拥有能与该变化相配合的变异，比如晶状体与视网膜之间距离的改变。晶状体形状的改变，如果没有必要的变异与之配合，就无法给个体带来益处，也就不会得到自然选择的支持。如此看来，眼睛似乎确实不可能是自然选择作用的结果。此处的难点在于，它显然需要多个结构同时发生变化，且这些变化能够彼此协调才行。正因如此，眼睛才会成为达尔文在"理论的诸项难点"一章中所研究的案例。达尔文针对这一难点的回答是，如果你能将这个难题想透，你会发现，实际上眼睛是可以经历许多渐变阶段完成进化的，而这并不需要让眼睛的全部（或大部分）装置同时以正确的方式发生改变。达尔文观察过众多不同物种的眼睛。他发现，某些物种的眼睛几乎只是一个可感光的斑点，某些物种的眼睛就像针孔摄像机一样（可以成像，但没有晶状体），还有一些物种的眼睛里具备晶状体。达尔文在不同物种身上发现的眼睛千差万别，种类繁多，展示了眼睛——比如我们今天看到的人眼，在进化过程中可能经历的许多阶段。

此类比较论证不要求确定进化过程中各原型出现的准确顺序，比如眼睛等器官在进化过程中所经历的各阶段的排序。达尔文提到的关节动物并非人类或任何脊椎动物的祖先。"关节动物"也不是如今的常用术语，它大概等同于我们现在所说的节肢动物——昆虫、甲壳类（比如螃蟹、虾）和蛛形纲动物（比如蜘蛛）。它们没有内骨骼，但都有充当"外骨骼"的坚硬表面。脊椎动物则由鱼类、两栖动物、爬行动物、鸟类和哺乳动物构成。它们都有内骨骼，且表面通常都是软的。一般来说，所有现代生物的眼睛都与人类眼睛的原型不同。我们并没有人类眼睛原型的直接证据。眼睛是柔软的身体部件，无法被保存在化石中。就算我们发现了一系列人类祖先的化石，且他们距今一个比一个久远，我们也仍旧无法对其眼睛展开研究。作为替代，比较证据所提供的，更多的是一种原则上的论证。只要能证明各阶段的存在，就能证明人眼可能确是从最初的简单逐渐向复杂进化的。有位批评家曾说，比人眼还要简单的眼睛一不可能存在，二不可能对生物体有利，因此，若能证明这样的眼睛确实存在，也确实对生物体有利的话，就一定能驳倒他。与可成像的眼睛相比，一块对光敏感的皮肤就是一种较落后的感光装置，但它仍可提供关乎生死的重要信息。

还有一种更理论的方式可以证明，复杂器官很可能是循序渐进进化而成的。我们虽然缺乏来自其他生物同一器官的比较证据，但作为代替，我们可以假设该器官经历过一系列对其有利的进化阶段。该论证采用了一个工程学模型。即便我们缺乏关于更简单的眼睛的比较证据，我们也可以先假定最简单的眼睛由感光细胞构成。接着我们推论，视敏度（区分两个物体的能力）的改善对它有益。当眼睛还处于早期进化阶段时，生物可能只能根据大小来粗略区分不同的物体。若这些物体间的相似度再高一点，该生物就无法对其加以区分了。然后，感光细胞的位置可以重新排列，以提高眼睛的视敏度。若这些细胞向内凹陷构成U形，动物就能更轻松地区分周遭物体了。因此，自然选择会支持感光细胞构成的表面从平坦向凹陷转变。生物体上平坦的感光平面可能会因随机突变而产生多种不同形式，比如感光细胞区更大或更小，感光细胞出现轻微内转，感光细胞突出等。自然选择会使那些感光细胞排列最佳的版本稳固下来。

理论上，变化的顺序是可以研究的，因为我们可以创建一个工程模型来测量可能存在的一切形状的眼睛及原始眼睛的视敏度，然后就能知道每个阶段都具备改善视敏度的微小变异的可能性。在本章引文的开头，达尔文就暗示过此类理论论证方式，该论证随后也得到了更加全面的发展。20世纪90年代初的研究显示，像人眼一样的眼睛都是从最初的感光细胞开始，经历一系列微小变异阶段逐渐进化而成的（在理论上，这些阶段可以无限地小下去）。因此可知，眼睛的进化根本不需要多个彼此协调的变化同时发生，自然前面提到的难题也就不存在了。它完全可以按步骤循序渐进地进化，令每一个部件的每一个变化都对生物体本身有益，即便没有其他变化与之配合。

眼睛并非唯一可用这种方式进行论证的器官。达尔文总结道，一般来说，"我们在断定某一器官不可能是经由某种过渡性渐变而形成时，应极其谨慎"。对于绝大多数器官，我们都拥有可证明其在进化早期存在更简单结构的比较证据。不过，即便我们既没有掌握此类证据，也无法想象其更简单的初始阶段是什么样子，也不意味这样的阶段不存在。可能只是我们的知识太有限。已有研究不断证实，只要我们对这个问题展开深入的调查研究，就可以发现任一复杂器官形成所需经历的一系列过渡性阶段。达尔文对"极度完善的器官"的基本论证至今仍然站得住脚。

现代人对眼睛进化过程的研究还为达尔文的另一观点提供了例证。许多人第一次思考眼睛如何进化而成时，都会觉得它势必经历了无数次的变化（因为每一个变化都源自一次随机的小突变，而且这一突变还必须在自然选择的作用下，为更多个体所拥有才行），因此也必定耗费了人类几乎无法想象的漫长时光。但事实证明，我们是被自己的想象所误导了。上述已有提及，20世纪90年代的研究证明，眼睛的进化可能总共只持续了50多个世代而已。若从进化论角度来看，这已经相当短暂了。地球生命的进化一直持续了大概40亿年，而许多生物的一个世代还不足一年。在引文部分，达尔文说，眼睛进化的问题"尽管在我们想象中是难以逾越的，却几乎无法被认为是真实的"。他在其他地方也说过，这类问题难的不是推理，而是想象。

想象力问题出现的部分原因在于进化的持续时间。它比人类所能经历的最长时间还要长得多。另外一个原因是我们往往会低估自然选择的力量。自然选择的力量是很强大的，因为它会不断累加。在复杂器官的进化过程中，一旦第一阶段出现，就会成为起点，开启该器官的进一步完善之路。举个例子，一旦感光细胞的排列方式变成凹陷形，下一个对该生物有益的改变可能就是这个凹陷被液态物质填满。随后，某些液体可能会被晶状体取代。因此，晶状体的进化并不是"单打独斗"就能行的。如果感光细胞组成的表面是平整的，那么晶状体就无从诞生了。只有当眼睛的绝大多数结构都进化完善后，眼睛的进化才会被激发。若想一步到位地进化出眼睛这样复杂的结构，其可能性微乎其微。不过，若通过循序渐进的方式，让每个新变化叠加到业已完成的结构上，那么成功的可能性就会提升许多。阅读达尔文对"极度完善的器官"的讨论，能帮助我们看清渐进工程的力量。

第四章

杂交与生物多样性：《物种起源》之四

博物学家们通常持有一种观点，即不同物种相互杂交时，被特别地赋予了不育性，以防所有生物的形态相互混淆。乍看起来，这一观点确乎属实，盖因生活在同一地域的一些物种，倘若能够自由杂交的话，几乎难以保持其各自的特性分明。窃以为，杂种极为通常的不育性这一事实的重要性，为其后一些作者大为低估了。由于杂种的不育性不可能对其有任何益处，因此不会是通过各种不同程度的、有利的不育性的连续的保存而获得的，故对自然选择理论来说，这一情形是尤为重要的。然而，我希望我能表明，不育性并非是特殊获得或赋予的性质，而是伴随其他所获得的一些差异所偶发的。……

　　考虑到上述有关支配首代杂交以及杂种的能育性的几项规律，我们可以看出，当想必被视为真正地属于不同物种的那些类型进行杂交时，其能育性，是从完全不育渐变为完全能育的，甚或在某些条件下变为过度能育的。它们的能育性，除了很容易受到有利条件及不利条件的影响之外，也呈现内在的变异性。首代杂交的能育性以及由此产出的杂种的能育性，在程度上决非总是相同的。杂种的能育性，和它与双亲中任何一方在外观上的相似性，也是无关的。……

　　那么，这些复杂的和奇特的规律，是否表示物种单是为了阻止其在自然界中相互混淆而被赋予了不育性呢？我想并非如此。因为倘若如此，我们必须假定避免混淆对于各个不同的物种都是同等重要的，可是为什么当各个不同的物种进行杂交时，它们的不育性程度，竟会有如此极端的差异呢？为什么同一物种的个体中的不育性程度还会有内在的变异呢？为什么某些物种易于杂交，却产生极为不育的杂种；而另一些物种极难杂交，却竟能产生相当能育的杂种呢？为什么在同样的两个物种间的交互杂交结果中，常常会存在着如此巨大的差异呢？甚至可以作如是问，为什么会允许有杂种的产生呢？既然给了物种以产生杂种的特殊能力，然后又以不同程度的不育性，来阻止杂种进一步的繁衍，而这种不育程度又与其双亲间的首代配对的难易程度并无严格的关联，这似乎是一种奇怪的安排。……

作为一个极为有力的论点，或许有人会主张，物种与变种之间，一定有着某种本质上的区别，而且以上所述，一定有些错误，因为变种无论彼此在外观上有多大的差异，依然能够十分容易地杂交，且能产出完全能育的后代。……

……然而，很多家养的变种，其外观上有着极大的差异，如鸽子或卷心菜，却皆有完全的能育性，这是一项值得注意的事实；尤其是当我们想到如此众多的物种，尽管彼此之间极为相似，当杂交时却极端不育。

在《物种起源》中，达尔文专门开辟了一章来写"杂交"。杂交指两个不同物种进行交配或产下杂种。不同物种通常无法产生杂种后代，或者能产下杂种后代，但该后代不育。现代进化生物学家之所以对这章感兴趣，主要是因为它与物种起源有关。一定有许多现代生物学家是从异种交配角度来界定物种的：物种就是一群能够相互交配繁殖，但不与其他物种成员异种交配的生物。照此物种概念来看，人类是一个物种［学名智人（Homo sapiens）］，黑猩猩（学名Pan troglodytes）是另一物种，因为人与人交配，黑猩猩与黑猩猩交配，二者不会杂交。异种交配能力的丧失是新物种进化过程中的关键事件。曾几何时，世上只有一个物种，它就是所有生物的祖先。然后，不知以何种方式，该物种的某些成员逐渐进化出与其他成员不同的生殖属性。如此一来，一个物种便进化成了两个物种。

不过，对达尔文来说，杂交（通过两个物种或两个不同变种间的异种交配而形成杂种）这一主题与新物种的起源并非息息相关。他深知异种交配与非异种交配对自然界物种存在的重要性。引文的第二句也确实提到，若不防止异种交配，物种就难以维持自身的独特性。早在达尔文的理论出现前很久，就已经有人从异种交配角度界定物种了。英国博物学家约翰·雷（John Ray）就是其一，他将物种明确定义为可相互交配的单位，并于17世纪初开始著书立说。

达尔文知道这一惯例，但他似乎并没有将物种单纯当作可相互交配的单位。人类不同于黑猩猩的原因不只是不可进行异种交配，还有二者的外貌。人类与黑猩猩一看便知不同。与仅关注异种交配的现代生物学家相比，达尔文的物种概念可能更灵活、更广泛。我们已在第二章看过他如何讨论物种分异:生物越相近，越是会因竞争而渐行渐远。达尔文认为，对物种起源来说，生物的分异进化与异种交配功能的丧失同等重要。杂交在现代物种形成概念中是界定问题;但对达尔文来说，只是进化过程的一部分而已。

因此，在阅读杂交这一部分内容时，我们既可以了解达尔文关心什么，也能发现对现代生物学家有价值的东西。这两种"阅读"不必完全分开:达尔文的认知与现代物种概念有契合之处，他所关心的问题对现代人来说也依然有趣。方便起见，建议将两种阅读分开，依次进行。

首先，你要弄清楚达尔文的论点是什么。达尔文在引文第一段末尾处已表明，他的目的是证明不同物种的杂交不育性"并非是特殊获得或赋予的性质，而是伴随其他所获得的一些差异所偶发的"。"获得"一词可以理解为"进化"，尤其可以理解为"在自然选择作用下发生的进化"。（正如我此前所言，"进化"一词在《物种起源》中只出现过一次，除此之外达尔文再没提过"进化"，无论是其动词形式还是名词形式，他用其他术语替代了"进化"。此处，这个术语就是"获得"。）因此，杂种不育性的进化与自然选择无关。自然选择支持的都是有利于提高生物存活率与繁殖率的属性。从不育性的定义就可看出，它与自然选择的原则是完全相悖的——它会阻碍生物的繁殖。自然选择将行动起来，减轻或消除不育性，而不是去创造它。正因如此，杂种不育性才会如达尔文所言，对他的理论"尤为重要"。达尔文提出过一个生物学理论，认为现存生物身上那些千奇百怪的特征都是自然选择的作用结果。不过，有一种生物特征，虽对物种存在至关重要，却无法经自然选择进化而成。从达尔文进化论的角度来看，不育性不是一种适应。达尔文写作本章的两个目的是，证明不育性并不符合适应所应具备的属性，以及解释为什么存在适应性缺陷的不育性仍可进化。前者的实现对达尔文的另一个目的也有帮助，即证明不育性并非"特别地赋予"杂种的特性。达尔文在这里提到的就是我们现在所说的特创论。

在达尔文辛勤笔耕时，绝大多数博物学家还认为每个物种都是以某种方式特别创造的，彼此无关。无论这种创造的机制是什么，它确实能够为杂种不育性的存在提供合理解释；若不存在杂种不育性，物种很快就会消失。如此说来，不育性就该是一种适应，它与眼睛、翅膀等标准的适应性属性一样，都能为物种带来好处。（我们可以忽略适应造福的是物种还是个体的问题，因为这并不是这些博物学家所关心的。但正如本书所述，这个问题对达尔文来说很重要。）达尔文必须向大家证明杂种不育性并非一种适应，此举不仅是为了拯救他自己的理论，也是为了反驳特创论。

眼睛这样的结构就是适应的经典例子：它是一个复杂的器官，其构造看似专为视觉成像而设计，但在实际操作中，要形成理论，准确界定生物特征是否属于适应是很难的。时至今日，生物学家依旧没能在适应的定义上达成一致。当达尔文开始论证杂种不育性不属于适应时，先从界定非适应性的理论标准入手再理清所有细节的方式已经行不通了。因此，他选择先描述出杂种不育性的一系列属性，若以不育性的存在目的就是保持物种各自特性不发生混淆为前提来看，这些属性的存在就令人大为不解了。他给出的第一个属性是变异。

杂种不育性的形式千差万别，这种差异不仅存在于异种间，也存在于同一物种的不同个体间。为了了解该论点，我们要将杂种不育性与眼睛这样的结构做个对比。脊椎动物（鱼类、青蛙、蜥蜴、鸟类、哺乳动物）的眼睛相似度很高。这是因为光物理学法则规定了哪些结构是眼睛所必需的，哪些不是。若将所有动物的眼睛都浏览一遍，你就知道眼睛的形式确实千变万化；但无论外表是何种形式，其内部构造显然都是专为视物而设计的。与过去不同，它们不再是感光细胞的排列组合，而且在众多生物——比如所有的脊椎动物中，都保持了惊人的稳定性。相比之下，杂种不育性就算是在近缘生物间也存在诸多差异。比如，一对不同物种生下的杂种后代可能完全不育，但近缘的另一对却产下了完全能育的杂种后代。人们也已发现介于完全不育与完全能育之间的其他不育程度。这就像是我们在人"眼"中发现的晶状体和视网膜是这样的，在黑猩猩眼睛中发现的又是那样的：这会令你产生怀疑，这些"眼睛"是否真是"特别地赋予"我们用以视物的。

极端变异性（extreme variability）仍是生物学家用来识别生物非适应性属性的标准之一。在分子层面，许多DNA片段似乎都不具有适应性用途；生物个体间的这些非适应性

DNA片段往往是高度多变的。不过,该标准也并非百分之百正确;有些东西虽然多变但仍具有适应性。达尔文的论点与其说是结论性的,不如说是启发性的。接下来,他还阐述了杂种不育性的其他属性,若杂种不育性是一种适应,那么这些属性便通通都是"奇怪的安排"了。上述种种加在一起便构成了一个十分令人信服,且至今仍广受认可的论点。实际上,现代生物学家中已无人认为杂种不育性是为保持亲种独特性而进化出来的了。

在达尔文看来,不育性只是进化的副产物,"是伴随其他所获得的一些差异所偶发的"。达尔文将这一论点阐述得很清楚,只是并不在本章引文部分。用今天的话来说就是,因进化而产生的差异会在两个物种渐行渐远的过程中累积下来。人类与黑猩猩在过去500万年中所进化出的新基因是不同的。科学家们并不知道人类与黑猩猩杂交会发生什么,但若真将人类与黑猩猩各自进化出的新属性叠加到一个杂交体上,某些属性很可能根本无法兼容,从而导致他们的杂种后代出现机能障碍。这与你将两台构造不同的机动车进行部件混搭的后果差不多。混搭机动车很可能因部件不兼容而无法工作。混搭车的失灵并非设计特色,这种不兼容并非工程师为防止混搭、确保车体结构的独一无二而专门设计的。混搭的失败只是偶发的结果而已，而这只有在两组工程师独立工作时才会出现。同样地，两个物种很可能会在单独进化一段时间后变得互不兼容。不过，不同物种间的不兼容性程度是难以预料的。可能因某种意外，偶然证实了某两个物种可以兼容，产生能育的杂交后代。而恰巧另外两个物种就是极端不兼容。因此，两个物种杂交的最终结果还得看在进化过程中被改变的到底是哪个"部件"或哪个基因。

达尔文提出这一问题的方式以及他给出的结论都与现代思维不谋而合；只是后来又新增了一个令情况复杂化的因素。现代生物学家将异种交配的失败称为"生殖隔离"（reproductive isolation）。生殖隔离有两种可区分的主要类型：其一就是达尔文所讨论的，两个物种能杂交，但后代不育；其二是这两个物种可能压根儿就不会进行交配。比如说，这两个物种可能求爱信号不同，并没有把对方视作潜在的配偶。而达尔文之所以忽略后者，很可能是因为他当时所能掌握的证据主要来自植物的人工异花授粉试验。此外，在19世纪末达尔文完成《物种起源》一书前，还没人针对交配发生的诱因做过研究。

达尔文认为,杂种不育性是生物体其他部分进化的偶然性产物,在这一点上,现代生物学家与他观点一致。但针对因求爱等因素而造成的第二类生殖隔离(比第一类更重要),现有两派不同的观点。一些生物学家认为它是在进化过程中"专门获得的特性",就是说,进化出不同的求爱信号,可能就是为了防止杂种的产生。另一些生物学家则认为,它与杂种不育性一样,只是进化的副产物。不同物种的求爱信号会向不同方向进化可能与防止异种杂交无关,而是出于别的某种原因。当物种间求爱行为的差异大到一定程度,它们就不会将对方认作潜在的交配对象了。因此,当现代生物学家读到达尔文的这一章时,他们便会发现自己与达尔文关心着同一个问题:杂种不育性到底是专门获得的特性还是其他差异产生后的偶发结果。然后,他们会因自己对第二种生殖隔离(达尔文没有考虑因求爱及其他相关因素而产生的生殖隔离)的看法不同,而部分认同或完全认同达尔文的结论。

接下来,达尔文探讨的另一个更为艰深的难点,也与杂种不育性有关。对事实的简单调查似乎表明,不同物种绝不可能产生能育的杂种后代,但同一物种的不同变种却总能产生能育的混种后代。表面看来,这似乎给了达尔文理论中的一个重要论点，也是他本人最喜欢的论证手段沉重一击。根据达尔文的理论，变种与物种间不存在重大区别，只是物种间的差异比变种间的差异更大一点而已。用达尔文的话来说，变种是物种形成的开端。新变种与新物种的产生过程一模一样，只是后者所需的时间更长。因此，达尔文预言，变种与物种的界限将会变得模糊，用以区分变种与物种的明确标准也不应该存在。

不过，互交能育性（inter-fertility）似乎提供了一个新的判定标准，即变种是互交能育的不同类型生物，而物种是互交不育的不同类型生物。

因此，变种也许是不同于物种的存在，不宜从一个推论到另一个。不过，这却恰恰是达尔文偏好的推论方式。他反复使用人工选择与自然选择这一类比，前者是人类在培育新型家养、农用动植物时的做法，后者则必须发生在自然环境中。不过，人工培育的家养变种不会再进一步进化，它们将一直只是变种。达尔文（在引文中）指出，这是"一项值得注意的事实"。尽管鸽类变种是互交能育的，但因外观差异，还是被划分成单独的物种。坚持特创论的批评家可能会紧抓这一事实不放，认为达尔文所探讨的这种进化过程可能只作用于物种内部的少数个体,似乎还远不足以催生出具有能育性的独特新物种。

对此,达尔文提出了多项反对理由。其中一条是,这主要是概念问题,我们将具备互交能育性的生物称为变种,不具备的称为物种,但潜在事实所表现出的区别也许并没有这般泾渭分明。达尔文完全能够找到证据证明,某些"变种"也存在互交能育性的不足,而某些"物种"也具备一定程度的互交能育性,只是这类证据在他那个时代数量有限。另外,许多家养变种(庄稼、狗和鸽子等)彼此间差异极大,但杂交后的混种后代依然具备完全的能育性,这一事实与他的理论也有出入。不过,他在自己的理论中明确预言,随着变种间差异越来越大,它们总有一天会表现出互交能育性的弱化。

与他当时掌握的证据相比,现代证据能更好地支撑他的预言。生物学家对同一原始种群中挑选出的子样本进行不同实验,以令它们朝不同方向进化。然后,我们可测试它们是否在历经多个世代后产生了生殖隔离。事实上,生殖隔离的程度一直在变,要细究就必须精心设计实验。达尔文的观察结果可能是太过粗略,才没能揭示出变种间互交能育性的细微弱化。但变种与物种并不存在质的差异仍旧是达尔文理论中的一个重要论点。这一问题的提出，也令《物种起源》中的这一部分变得意义重大，甚至还明确了要检验这一论点正确与否应该寻找怎样的证据。其实，这些难点之所以出现，似乎只是因为达尔文当时所能获取到的证据太过粗略、有限而已。

第五章

地质演替：《物种起源》之五

……但是，地质记录的不完整性，主要还是源自另一个原因，它比上述的各种原因更为重要；亦即在几套地层中，彼此之间有漫长的时间间隔。当我们看到一些论著中的地层表上的各套地层时，或者当我们在野外追踪这些地层时，很难不去相信它们是密切连续的。但是，譬如根据莫企孙爵士（Sir R. Murchison）关于俄罗斯的巨著，我们知道在那个国家重叠的各套地层之间有着多么巨大的间断；在北美以及在世界其他很多地方也是如此。如果最富经验的地质学家，只把其注意力局限在这些广袤地域的话，那么他决不会想象到，在他本国的空白荒芜的时期里，世界的其他地方却堆积起来了巨量的沉积物，并且其中含有全新而特别的生物类型。……

论成群的近缘物种（Allied Species）在已知的最底部含化石层位中的突然出现。另有一个类似的难点，更为严重。我所指的是，同一类群的很多物种，突然出现于已知的最底部含化石层位的情形。绝大多数的论证使我相信，同一类群的所有现生种，都是从单一的祖先传衍下来的，这几乎也同等地适用于最早的已知物种。譬如，所有志留纪的三叶虫，都是从某一种甲壳类传衍下来的，而这种甲壳类必定远在志留纪之前业已存在了，并且大概与任何已知的动物都远为不同。……所以，如若敝人的理论属真，那么无可置疑，远在志留纪最底部地层沉积之前，必定已经过一个很长的时期，这个时期也许与从志留纪至今的整个时期一样地长久，甚或远为长久；而在这一漫长并且我们所知甚少的时期内，世界上必然已经充满了生物。

论灭绝（Extinction）。至此我们仅仅是附带地谈及物种以及成群物种的消失。根据自然选择理论，旧类型的灭绝与新的、改进了的类型的产生，是密切相关的。认为地球上所有的生物在相继的时代中曾被灾变席卷而去，这一旧的观念已十分普遍地被抛弃了，就连诸如埃利·德·博蒙（Elie de Beaumont）、莫企孙（Roderick Impey Murchison）、巴朗德（Joachim Barrande）等地质学家，也都放弃了这种观念，而他们的一般观点会很自然地让他们得出这一结论。相反，根据对第三纪地层的研究，我们有充分的理由相信，物种以及成群的物种是逐渐地消失的，一个接一个，先从一处，然后从另一处，最终从世界上渐次消失。……至于整个科或整个目看似突然的灭绝，如古生代末的三叶虫以及中生代末的菊石，我们必须记住前面业已说过的情形，即在相继的各套地层之间，很可能有着漫长的时间间隔，而在这些间隔期间内，可能曾有过十分缓慢的灭绝。

达尔文创立进化论期间，绘制地质年代表这一伟大的科研壮举也正如火如荼。地质史被划分为一系列地质年代，且各有命名：从现在到约 6500 万年前是新生代，从约 6500 万年前到约 2.5 亿年前是中生代，从约 2.5 亿年前到约 5.4 亿年前是古生代。主要的化石记录都出自这三个地质年代。在古生代以前还有一段漫长的时期，它的尽头便是地球起源之时，距今约 45 亿年；人们对这段时期进行了各种各样的细分，但一般都简单地统称为前寒武纪。三大地质年代（古生代、中生代和新生代）也有进一步的细分：比如古生代就分为寒武纪、奥陶纪、志留纪、泥盆纪、石炭纪和二叠纪。18 世纪中叶到 19 世纪中叶，地质学家已掌握了判定形成于这些地质年代的典型岩石的方法。比方说，中生代的岩石中含有无脊椎动物（比如业已灭绝的菊石）和脊椎动物（比如鱼类与爬行类）的化石，但极少能发现哺乳动物的化石。地质学家还弄清了这些地质年代的存在顺序，正因如此，他们才能描述出生物史上各化石生物类群的兴衰起落。

该研究的重点在于所谓的"地层"上，地层由某一特定地点的某种特定岩石类型（比如砂岩或石灰岩）构成。在断崖等特殊地点，你可以一次识别出多个不同的地层，它们总是一层叠着一层；不过在绝大多数地方，你都只能看见一个地层，即位于表层土壤下的那层。要重构历史就必须追踪某一独特地层如何逐渐转化为另一地层，但这件事绝不可能在任何单一地区完成，因为任何地方都不可能同时保存着所有类型的地层。这里所采取的关键方式是"对比"（correlation）：地质学家通过比较岩石与化石组成，在其他国家寻找与之相同的地层；这种比较就是我们所谓的两个地层之间的"对比"。然后，我们可能在某个地区找到了看似连续的三个地层，姑且称之为A、C、E。另一地区可能也有A地层与C地层，但它们之间又多出了一个B地层。最后，我们可据此排出完整的次序：A、B、C、E。研究的地区越多，绘制的历史图像就越全面、越可靠。

18世纪晚期到19世纪早期，人们又弄清了形成于石炭纪至今这段时期内的地层，这些地层距今较近。接着，研究迈向了更难、更古老的岩石。在19世纪30年代到40年代，古生代的现代体系开始构建并成型。报告、讨论这一研究成果的中心阵地是伦敦地质学会（Geological Society of London），达尔文自1836年结束小猎犬号旅程后就一直是学会的活跃成员；那里也确实是他当时的社交活动中心。1842年结婚后，他仍旧活跃在该学会。

地质史实可用来检验进化论，且方式多样，我将在本章及下一章具体阐述。不过，引文一开始，达尔文首先提出了一项发现，它是在对各地地层进行对比时显露出来的：任何地方的岩石所记录的地质历史都是非常不完整的。这一发现不单单是达尔文提出的一种主张，或一个由理论得来的推断；它是达尔文殚精竭虑、废寝忘食地研究后才得出的常见且普遍的结果。对比任意两地地层，绝不可能找到一模一样的：同一类型的地层，可能这里的比那里的位置更深、岩石量更多；有的地层可能是这里有，那里没有。引文部分开篇不久所提到的莫企孙爵士正是地质史研究方面的领头人，达尔文与他有私交。英国有很多形成于石炭纪和三叠纪的岩石，至于介于二者之间的岩石，莫企孙曾前往俄罗斯寻找。进入乌拉尔山脉后，他在彼尔姆附近找到了同时符合这两个时期特点的地层，现称为二叠纪（Permian）。英国也有少量的二叠纪岩，但数量太少，无法帮我们弄懂二叠纪。不过，正是有了对英国地质状况的了解，莫企孙才能在发现俄罗斯的这一地层时，察觉到它与另外两种地层间存在形成时间上的间隔。

地质记录上的空白对地质史两大特点的形成意义重大，这两大特点就是达尔文在引文中所讨论的：物种类群的突然出现与突然灭绝。在讨论物种类群的突然出现时，达尔文提到了一个可能会引起困惑的词:"志留纪"。在现代地质学中，志留纪是介于 4.43 亿年前到 4.17 亿年前间的这段时期，几乎把古生代分走了一半。许多严谨的读者可能会希望达尔文用"寒武纪"来代替"志留纪"。寒武纪的起始是从 5.42 亿年前到 4.9 亿年前，它也是古生代中最靠前的时期。在达尔文那个时代，以及在他的著作完成后约一个世纪的时间里，人们没有发现任何形成时间早于寒武纪的化石:寒武纪包括了(用达尔文的话来说)"最底部含化石层位"。现在依旧如此，绝大多数已知化石的形成时间都在寒武纪至今的这段时期内。

照这样说来，达尔文又为什么会选择用志留纪这个词呢? 部分原因也许正如莫企孙所提出的，志留纪这个术语包括了现代意义上的志留纪以及在它之前的地质年代——奥陶纪。而其他原因则是，寒武纪这个术语在当时还存在争议。尽管寒武纪岩石与志留纪岩石不同，但那时的地质学家还不懂如何辨别;尽管今天我们应该使用寒武纪一词，但达尔文当时很可能是为了避免可预见的争吵而刻意做了回避。

达尔文那个时代所能掌握的证据表明，多个不同的动物群体在最底部含化石层位中的出现都相对突然。如今，这些证据虽被加诸了一些限定条件，但其所表明的现象并没有多少改变。现在，我们将这种现象称为寒武纪大爆发（Cambrian explosion）。动物群体的突然出现给达尔文带来一个难题。正如他在书中写到的，"如果同属或同科的许多物种确实是同一时间突然出现的，那么这个事实对认为生物是在自然选择作用下缓慢渐变而成的理论来说就是致命的。"

他对这一难题的解决之道就是引文开篇提到的那个因素：地层的缺失。他在论据的引导之下推测（或预测），在最古老的三叶虫出现之前还有一段漫长且未知的时期，生物可能就是在这段时期内完成了从最简单的原始类型到寒武纪（或达尔文所说的志留纪）早期化石生物（比如三叶虫）的缓慢进化。（三叶虫是一群化石动物，它们与蜘蛛的亲缘关系比与螃蟹、虾等甲壳类更近。不过，蜘蛛、三叶虫、甲壳类动物三者间都是相关的，它们都是节肢动物，而三叶虫的未知祖先很可能与某种甲壳类动物类似。）

其实达尔文是对的：如果我们用他的"最底部含化石层位"来指代形成于约 5.4 亿年前的寒武纪地层的话，那么，在此之前必定还存在一段比寒武纪还要漫长得多的时期，当时的地球哪怕没有挤满生物，至少也是有生物存在的。能证明生物存在的最早证据来自大概35亿至38亿年前。因此，前寒武纪的化石记录长度大概会是寒武纪至今化石记录长度的六倍。

尽管前寒武纪的化石记录已被发现，但仍有一些令人困惑之处。已知记录实在太过单薄：直到1950年前后，人们才首次发现了源自前寒武纪的化石记录，此后，相关记录的数量一直处于稳步增长中，只是数量依旧很少。人们在澳大利亚和中国发现了一些形成年代稍早于寒武纪的地层，这些地层中有数量庞大的生物化石，这些生物大概生活于5.6亿年前，甚至可能生活在5.8亿年前，但依旧没能提供多少与三叶虫等寒武纪生物史前祖先相关的信息。如果我们能在前寒武纪化石中发现早于寒武纪化石形成时期的某些原始阶段，那么达尔文至少可以在自己的理论中把它们用上一用。但前寒武纪化石中发现的主要是一些简单的单细胞生物，即便再复杂一点，看上去也与后来的生物没什么密切联系，无法淡化人们认为早期动物是突然出现的这种看法。现在的一个流行观点（尽管只是个观点，而非可靠的结论）是，寒武纪是生物"硬部件"的发源期。硬部件就是脊椎动物（比如我们）身上的骨骼等结构、软体动物身上的壳，以及螃蟹和三叶虫等动物身上的硬甲壳。生物身上的硬部件比软部件更容易以化石形式保存下来。化石动物在约 5.4 亿年前的突然出现并不意味着该动物本身是突然进化出来的（达尔文认为寒武纪前还有一段漫长进化阶段的观点是正确的），只是当时的某些状况令硬部件的进化成了对生物有利的事。人们也因此对"某些状况"到底是什么做出了多个假设。一个流行的假设是，在前寒武纪末期，捕食行为变得更复杂了，因此需要有坚硬的部件用以防御。在此之前，主要的"捕食者"可能只以小个头儿的生物为食，猎食方式就像现在的鲸鱼一样，鲸鱼只需要将体积微小的生物从海水中过滤出来即可。面对那样的命运，硬部件也不会有什么防御作用。不过前寒武纪晚期与寒武纪早期的猎食者很可能已进化出强有力的爪和颌。外部盔甲有助于抵挡此类猎食者。

达尔文遇到的第二个难题是物种类群的突然灭绝。达尔文地质学观点的形成深受查尔斯·莱尔（Charles Lyell）理论体系的影响。莱尔的反对者称其为"均变论者"（uniformitarian），后来这个词也成了一个固定术语。均变论者使用如今能观察到的世界运转过程来解释地质的过去；他们并不援引假设性的、不可见的因素。在达尔文撰写自己理论的那段时间,随着莱尔均变论的影响范围越来越广,"灾变论"一派的思想开始衰落。灾变论者声称,生物史上出现过一系列的灾难,地球生物会在每一次灾难中彻底灭绝,又会在每一次灾难后重新诞生。一种流行的观点认为,最近的一场灾难应该与《圣经》中所说的灭世洪水差不多。

　　在阐述这一问题时,达尔文首先便强调灾难灭绝论的"老观念"已经"被众人普遍摈弃"了。接着,他又说,我们有可靠证据可证明,灭绝是渐进式的,而非灾难式的。达尔文根据自然选择理论推论物种灭绝应该是渐进式的。本章引文部分只涉及了他这一思想的部分内容,但在原书接下来的内容中,他给出了非常详细的解释。他说,灭绝之所以发生,是因为出现了具备"某种胜过［其他物种的］竞争优势的"新物种,且它们带着这一优势"加入了竞争行列"。随着新物种的地理分布越来越广,处于劣势的物种会逐渐消亡。达尔文(在引文中)说过,旧有生物类型的灭绝与新类型的出现息息相关,他在说这句话时想到的就是这样一个过程。

　　如果达尔文的灭绝理论正确,那么整个物种类群看似同一时间突然灭绝的现象就很难理解了。达尔文也承认,从化石记录中便可找到相关例证:三叶虫在古生代结束时的突然灭绝与菊石在中生代快结束时的突然灭绝。再者，达尔文所采用的地质年代术语与现在使用的术语并不完全一样。古生代的名字没变，它是三大地质阶段（即古生代、中生代和新生代）中最早的一个。不过，描述这三大阶段的另一套更古老的术语就与第一纪（Primary）、第二纪（Secondary）、第三纪（Tertiary）出现了重复。（眼尖的读者会注意到，这三个词在达尔文时代与我们现在的不同在于，大写字母的惯例发生了变化。）第一纪基本等同于前寒武纪，第二纪则是从莫企孙所提出的志留纪到白垩纪结束之间的这段时期，第三纪至今仍在使用，它占据了新生代中很大的一块。因此，在现代，发生于第二纪结束时的灭绝事件被称之为白垩纪—第三纪（或K/T）界限；恐龙就是在这一时期灭绝的。

达尔文对"貌似突如其来的灭绝"的第一种解释就是化石记录间存在空白，即能证明菊石或三叶虫数量逐渐减少的地层可能存在过，只是缺失了。这个解释在当时看来似乎很有道理，但现在看来就并非如此了，因为我们已确定了许多岩石形成的准确日期。在白垩纪末至第三纪初之间形成的岩石都可以用放射性同位素来测定年份。我们的发现是，至少在某些地方，岩石在年代上是连续无间断的，白垩纪岩石与第三纪岩石间并没有间断。当时的生物似乎真的是突然就灭绝了。自 1980 年起，人们就将生物突然灭绝与外太空小行星撞击地球联想到一起。

绝大多数现代生物学家与地质学家都不认同达尔文在灭绝问题上的观点。达尔文对大规模灭绝的真实性是持怀疑态度的，他选择从高级新物种与低级老物种间发生竞争的角度来解释灭绝。但绝大多数现代科学家都相信，地质史上至少曾发生过一些大规模灭绝事件。他们也认可，一些灭绝确实是由于生物竞争所导致的。不过，到底是大规模灭绝还是生物竞争，人们的观点出现了分歧。我们无法确定生物史上究竟有多少物种消失于这些大规模灭绝之中，预计可能在 2—13 种之间。对此，达尔文的基本解释是沉积记录中的波动，而这一回答即便不能解释所有看似大规模灭绝但仍备受争议的事件，也足以解释其中的一些。生物竞争在导致灭绝中的重要性仍未可知，究其主因，还是化石研究太过困难。

尽管现代科学家与达尔文在讨论灭绝问题时侧重不同——前者认为"突然灭绝"比自然选择重要，但我并不确定达尔文本人是否会对这一变化表示反对，毕竟其理论深层的内容并没有受到挑战。与莱尔一样，达尔文也反对灾变论，因为这一理论在阐释自己观点时援引了科学无法研究的过程。现在，我们已有众多客观证据，足以用来推断外太空会带来的灾难性影响，并计算其后果。若能拥有这些证据，达尔文应该也会如绝大多数现代思想家一样，非常乐于将它们添加到自己的基础理论中去。

第六章

有利于进化论的论据：《物种起源》之六

倘若我们承认地质记录是极不完整的话，那么，地质记录所提供的此类事实，便支持了兼变传衍（descent and modification）的理论。……每套地层中的化石遗骸的性状，在某种程度上是介于上覆地层与下伏地层的化石遗骸之间的，这一事实便可径直地由它们在谱系链中所处的中间地位来解释。所有灭绝了的生物都与现生生物属于同一个系统，要么属于同一类群，要么属于中间类群，这一重大事实是现生生物与灭绝了的生物都是共同祖先之后代的结果。……

　　试看地理分布……我们也理解了曾打动每一位旅行者的奇异事实的全部含义，亦即在同一大陆上，在最为多样化的条件下，在炎热与寒冷之下，在高山与低地之上，在沙漠与沼泽之中，每一个大纲里的大多数生物均明显地相关；因为它们通常都是相同祖先以及早期移入者的后裔。……

诚如我们业已所见，所有过去的与现生的生物构成了一个宏大的自然系统，在类群之下又分类群，而灭绝了的类群常常介于现生的类群之间，这一事实，根据自然选择连同其引起的灭绝与性状分异的理论，是可以理解的。……

人的手、蝙蝠的翼、海豚的鳍、马的腿，其骨骼框架是相同的——长颈鹿与大象的颈部的脊椎数目也是相同的——以及无数其他的此类事实，依据伴随着缓慢、些微的连续变异的兼变传衍理论，立马可以自行得到解释。蝙蝠的翼与腿，螃蟹的颚与腿，花的花瓣、雄蕊与雌蕊，尽管用于如此不同的目的，但其形式的相似性，根据这些部分或器官在每一个纲的早期祖先中相似、其后渐变的观点，亦可得以解释。相继变异并非总是出现在早期发育阶段，并在相应的、而不是更早的发育阶段得以遗传，根据这一原理，我们更能清晰地理解,为何哺乳类、鸟类、爬行类以及鱼类的胚胎会如此密切相似,而与成体类型又会如此大不相像。呼吸空气的哺乳类或鸟类,一如必须借助发达的鳃来呼吸溶解在水中的空气的鱼类,其胚胎也具有鳃裂和弧状动脉,对此我们也大可不必感到惊诧了。

当一个器官在改变了的习性或变更了的生活条件下变得无用时,不使用(有时借助于自然选择)常常使该器官趋于缩小;根据这一观点,我们便能清晰地理解退化器官的意义。

达尔文写作《物种起源》的第二个主要目的是论证进化论的合理性。与论证自然选择不同,达尔文在此处有明确反对的理论——特创论。该理论认为,每个物种都有各自独立的起源,且一旦形成就不再改变。无论是现在,还是达尔文时代,宗教都是特创论的主要灵感来源。绝大多数特创论者认为,每个物种都是上帝单独创造的,且会从诞生开始一直保持原样。不过,达尔文倾向于排除上帝这个因素。他将特创论视作一种科学假说,该假说认为,每个物种都有自己独立的起源。这种可能性并不依赖于那些起源的形成机制是自然的还是超自然的。在科学讨论中，上帝往往是个相当没用的假设，"是上帝做的"这句话对这场讨论毫无帮助。达尔文在提出这一问题的几段话中已经说得很清楚，他认为在一场科学论争中，援引上帝（或表示上帝的委婉语）是不具实际意义的。

进化论与特创论的区别主要表现在两个方面。一方面，根据进化论，物种的改变是循序渐进的。只要我们追溯得足够久远，就会发现现代物种与其祖先在形态上是有所区别的。另一方面，根据进化论，现代物种源自同一祖先。达尔文对进化论的论证主要集中在第二方面，且论证方式与现代不同。现代生物学家通常会选用短期内便能观察到进化改变的例子，以及达尔文讨论过的能够表明不同物种源自共同祖先的例子。以艾滋病人为例，短短两三天内，我们便能在他们身上观察到人体免疫缺陷病毒（HIV，导致艾滋病的病毒）进化出抗药性，但达尔文当时获取不到此类能观察进化过程的证据。它们是到 20 世纪 20 年代左右才被发现并逐渐积累起来的。进化通常都是极其缓慢的，根本无法实时观察，但在特殊情况下（比如用专门的杀菌药物去破坏一个菌落），进化又会快得吓人。再者，我们现在已从一连串化石种群身上发现了渐进式变异的例子。只是这些例子很罕见，毕竟很难在化石记录中找到这样具有连续性的种群;但它们又确实存在,而且是证明进化论的铁证。若能同时拥有(关于现存种群与化石种群改变的)这两类证据,达尔文也一定会欢欣雀跃的,但正因为没有,所以他只能将重点放在能证明不同物种源自共同祖先的证据上。

为论证进化论的正确性,达尔文在《物种起源》中花费了大量章节:两章讲化石证据,两章讲地理分布等等。整个论证过程非常清晰,趣味性无出其右。其他作家也做过大致相同的论证,但他们缺乏达尔文的巧妙思维以及对历史的精通。在主要章节结束后,达尔文独辟一章,对整本书的内容进行了简练的总结概述。本章选段便来自这最后一章。

尽管用现代的术语来说,达尔文讨论的是进化论与特创论,但他在《物种起源》中并未使用过这两个词。正如我在本书第一章中提过的,达尔文用来表示进化的词是"兼变传衍"。严格来说,他确实在《物种起源》中用过一次"进化"的动词形式(evolved),这也是整本书的最后一个词,不过,达尔文及其他人都是在该书出版后才如我们今天一般使用"进化"这个词的。另外,尽管达尔文用了与特创论相关的表达,但这个词本身是个现代词。对首次接触该书的读者来说,见不到这两个熟悉的词可能会提升阅读的难度。虽然含蓄隐晦，但特创论确实是达尔文在《物种起源》中花费了约半数章节攻击的对象。只是面对证据时，他往往只会从进化的角度来解释，很少大费唇舌地去解释这些证据如何能证明特创论的荒谬。他也许是有意把问题留给读者，让读者自己思考如何从物种起源各不相同的角度解释这些证据。达尔文在最后一章中对特创论的论述尤其隐晦，只做了支撑进化论的论证。若要全面理解，我们就必须思考隐藏在他文字背后那些驳斥特创论的论证。

为了证明进化论的正确性，达尔文选择从化石记录入手，而其中最简单的证据可能要数一系列相互关联的生命形式，随着时间的推移，它们会从一种形式向另一种形式转变。不过，我们所掌握的化石记录总是太不完整，无法从中找到此类证据。作为代替，达尔文将人们的注意力吸引到化石记录的其他特征上，只有进化论成立，那些特征才能解释得通。我援引了其中两个例子。第一，在化石记录中，中间形态倾向于出现在中间时期。我们人类的祖先就是一个例子，尽管它并不在达尔文给出的例子中。大约在 4 亿至 5 亿年前，我们的祖先是鱼类。在某个时刻，鱼类中的某一类群进化成了两栖动物(青蛙等现代物种的亲缘生物),可同时在水中和陆地上生存。随后,两栖类中又有一部分进化成了只生活于陆地的爬行类。再后来,部分爬行类又进化成哺乳类,而我们正是哺乳动物的一种。进化按照鱼类→两栖类→爬行类→哺乳类的次序进行。仔细观察这四类动物就会发现,两栖类的许多形态都介于鱼类与爬行类之间。举个例子,两栖类有时会像鱼一样通过鳃呼吸,有时会通过肺呼吸,但它们并没有能让肺中充满空气所需的胸腔。因此,通过观察现代两栖动物的解剖结构,我们可做出如下推论:鱼类若要进化成爬行类,就几乎必须经历两栖类这样的阶段。因此,(从进化论的观点看)化石的形成顺序若是爬行类→鱼类→两栖类,才会令人感到惊讶。根据它们的解剖结构,我们可做如下推测:它们是按照鱼类→两栖类→爬行类这个顺序进化的。从化石记录上看,真实的顺序与我们的推测是一致的:中间类型出现于中间时期。不过,仅用三个类群(比如鱼类、两栖类和爬行类)来论证是无法令人完全信服的;我在此只是想阐明这一论证的逻辑。随着我们发现的动物类群越来越多,且其化石形成顺序与解剖结构上的关系相吻合,这一论证就会变得越来越有说服力。

相比之下，如果鱼类、两栖类和爬行类动物都是单独创造而成，那么就没有理由期待化石记录中的中间时期会出现解剖结构上处于中间形态的类群。特创论者只能将这些吻合解释为巧合。

达尔文在第二个论证中含蓄地表达了对某一版本的特创论的反对。该理论当时有许多坚定的支持者，现在已不再流行。他说，已灭绝生物是可以与现代生物分到同一组的；也就是说，已灭绝生物与现代生物间并非完全无关。正如我们在第五章所看到的，早在达尔文之前就已有地质学家提出，生命史上曾出现过一系列的灾难灭绝事件，每一次这样的大灾难都会导致所有生物一同灭绝，且会有新一轮的新生命诞生随之而来。假设该观点正确，化石中就该存在一些与现代生物毫无关系的已灭绝物种。现代生物也应能追溯到最近一轮的生命诞生，而早于它们的生命类型在此之前便已彻底灭绝。事实正好相反，据已发现的灭绝生物化石显示，这些生物与现代生物之间都有着明显的联系。特创论的版本很多，在进行反驳时，将证据对准可能获得读者支持的那一种是有必要的。达尔文时代的特创论者主张在灾难灭绝事件发生后，会有一轮又一轮的生命创造随之而来，因此达尔文必须将其考虑在内,不过现代的特创论者已不再鼓吹这一论调了。

　　第二类证据源自生物的地理分布。(关于这一点,达尔文依旧考虑了多种证据,而我只引用其中之一作为例子。)如果我们观察地球上某一特定地区的生物,往往会发现那里的不同生物之间存在密切联系,相关程度之大是物种单独创造所不可能实现的。在达尔文所给出的众多例证中,最为著名的就是生活在加拉帕戈斯群岛上的"达尔文雀"(Darwin's finches),它们约有12种,且彼此间密切相关。它们被分在同一个独特的物种类群中,也就是说,不同的达尔文雀之间的关系比它们与地球上任一物种间的关系都要紧密。它们的类型也多种多样:比如说,有的生活方式与普通雀类一样,以种子为食;还有一些经过进化,就像啄木鸟一样。真正的啄木鸟有长长的喙和舌,可以将昆虫从树皮中抓出来,而加拉帕戈斯群岛上的"啄木鸟"雀则使用棍子探进树洞中觅食,这一习性有点儿像啄木鸟。实际在加拉帕戈斯群岛上并没有正常或者说"真正"的啄木鸟。从进化论的角度看,这些事实是说得通的。过去,在雀类的祖先来到加拉帕戈斯群岛上定居时,这里并没有(或几乎没有)其他鸟类。这种原始物种慢慢进化出众多不同物种的后代,且这些后代的生活方式也各不相同，有的便是像"啄木鸟"一样生活。

不过，如果物种是单独创造的，那么这些事实就不合理了。啄木鸟已经在别的地方过着"啄木鸟式"的生活了，如果它们在那里活得好好的，为什么还要在加拉帕戈斯群岛再创造出一只啄木鸟呢？为什么要创造一种与众不同，但碰巧又与岛上其他雀类高度相似的雀鸟呢？类似的论证可广泛应用于世界各地。这一论证对达尔文来说格外重要：正是从地理分布（而非化石或我们接下来即将探讨的主题）中得来的证据率先说服他相信了进化。

达尔文的下一类证据与他所说的"自然系统"（natural system）有关。18、19世纪所说的"系统"就是我们如今所说的"分类法"（classification）或"分类学"（taxonomy）。["系统"一词现在在"系统分类学"（systematics）中仍在使用，系统分类学是一门关于生物学分类的科学。]生物的分类是有等级的，也就是达尔文所说的"层层隶属的类群"。比如说，猫、猴子等亚群便从属于更大规模的哺乳动物类群。若生物源自共同祖先，就会出现这样的等级结构。在某种意义上说，层次分类法（hierarchical classification）确实符合生命史的分支型结构（branching structure）。如果我们从现代的猫开始往上追溯，很快就会找到所有猫的共同祖先。如果我们继续从这一祖先向上追溯，迟早会找到所有哺乳类动物的共同祖先……然后会找到所有动物的共同祖先，并最终找到地球上所有生命的共同祖先。不过，若每个物种都是单独创造而成，我们就不应期待出现这样层层隶属的等级体系了。每个物种都将拥有独特的属性。根据这样的创造过程，若要对生物进行分类，那么几乎每一种生物都会各成一类，由此形成的系统也许会像化学元素周期表一样，或仅仅与按字母顺序排列的图书索引一样。若每个物种都是单独创造的，我们就没有理由期待找到一种等级制的"自然系统"了。

紧接着，达尔文开始分析下一类证据——"同源性"（homology），在绝大多数现代生物学家眼中，这才是最能够证明进化论合理的证据。没错，达尔文的所有证据都可以被当作是对同源性的论证，只是类型不同。在此要定义同源性有点儿困难，因为现在通常以进化的角度来对其进行定义。同源性就是同时存在于两个物种及其共同祖先身上的特征。比如说，人类和黑猩猩身上都有脊骨，这两个物种的共同祖先身上也有脊骨。人类与黑猩猩身上的脊骨就是同源性的一个例子。同源相似性（homologous similarity）就是祖先相似性（ancestral similarity，从共同祖先处继承而得的相似结构）。不过，现代的同源定义是对进化前生物学（pre-evolutionary biology）中已知事实的进化论解释。而达尔文那时所说的同源是指物种间的相似性，包括那些因物种本身生活方式而难以解释的相似性。

达尔文所举的例子是人手和人类亲缘物种身上与之同源的结构。人的手上有五根指头，且有特定的骨骼排列。我们用手来操纵和紧握其他物体。不过，我们在蝙蝠翅膀与鼠海豚鳍上也发现了一模一样的五指结构和骨骼排列，马足结构也与之类似，尽管这些结构的使用方式与人手截然不同。所有物种都需要同样数量的指头和同样的骨骼排列似乎是不可能的。这种结构上的相似性就是同源相似性。它表明进化已经发生，因为如果鼠海豚、蝙蝠、人类和马是单独创造的，那么它们就不会有一模一样的基本肢体结构。鉴于它们的肢体使用方式不同，创造它们时所应有的设计也该有所区别。同样地，达尔文讨论了不同物种胚胎间的相似性，比如人类胚胎与鱼类胚胎具有明显的相似性。他还探讨了某些物种已退化的器官与其他物种已发育完全的器官间的相似性。

自达尔文时代起，生物学家就一直在寻找不同生物类型间的同源相似性。分子生物学领域给出了最令人震惊的例子。
DNA分子中含有构筑身体所必需的一套编码指令。记录着这
些指令的密码被称为遗传密码（genetic code）。遗传密码的
随意性与人类语言特别像（为什么将H、U、M、A、N这几
个字母按H-U-M-A-N顺序组合后会是现在所表达的这个意
思，其实并没有什么特别的原因）。不过，事实证明，在本质
上，所有生物使用的完全是同一套遗传密码。若一切生物均
源自同一个祖先，这一情况就说得通了。那个共同祖先将自
己那一套特定的遗传密码遗传给了所有的生物。不过，若每
个物种都是单独创造的，它们就没理由使用同一套遗传密码
了。届时，"共用同一套遗传密码"的惊人程度就堪比世界各
地单独进化而成的智慧生物都说英语了。

　　达尔文在著书立说时便知道多种生物具有同源性，比如
说，所有鱼类、两栖类、爬行类、鸟类和哺乳类都具有相似
的骨骼；因此，它们很可能源自同一祖先。不过，达尔文并
不知道所有生物都"普遍具有的"那些同源性。若当时便能
发现所有生物在分子层面具备的普遍同源性（比如共享同一
套遗传密码），他一定会非常欢喜。这些是我们迄今为止拥
有的足以证明地球上所有生物源自同一祖先的最佳证据。

第七章

社会功能与道德功能：《人类的由来》之一

《人类的由来》是达尔文第二重要的著作，其全名为《人类的由来及性选择》（*The Descent of Man, and Selection in Relation to Sex*）。它简直就像是两本书无意间被捆绑到了一起：书中大概三分之一的内容在讲人类进化，在这一部分，达尔文主要思考了能证明人类是由长得像猿一样的祖先进化而来的证据，并用部分章节分析了人类的心理、道德及社会功能的进化；余下的三分之二则以达尔文所说的"性选择"（sexual selection）为主题。性选择是达尔文用以解释所有生物性差异的理论：为什么雄性往往比雌性更好斗，为什么某些物种的雄性具备诸如亮丽羽毛这样的装饰物？在性选择部分，达尔文非常详尽地分析了一长串非人物种，完全未提及人类的进化。他只在该书最后用很少的篇幅对这两个主题做了联系。他认为性选择也许能解释人类在肤色和容貌上的种族差异。一些评论家认为，最后用以连接两个主题的部分，只不过是为了将两本完全不同的书联合起来而已；另一些评论家则表示，我们应当认真考虑达尔文的这一设计，并看到两个主题本质上的统一性。不过，这并不是我在这里要试图解决的问题。在本章及接下来的两章中，我将分别从原著中节选部分内容，前两部分讲述人类进化，彼此联系紧密，最后一部分关于性选择，与前两者几乎毫无联系。

　　当两个居住在同一片地区的原始人部落开始进行竞争的时候，如果（其他情况与条件相等）其中一个拥有更大数量的勇敢、富有同情心、忠贞不贰的成员，随时准备着彼此告警，随时守望相助，这个部落就更趋向于胜利而征服另一个。让我们牢记在心，在野蛮人的族类之间无休无止的战争里，忠诚和勇敢是何等无可争辩的至关重要的品质。纪律良好的军队要比漫无纪律的乌合之众为强，主要是由于每一个士兵都对同伴怀有信心。……自私自利和老是争吵的人是团结不起来的，而没有团结便一事无成。一个富有上述种种品质的部落会扩大而战胜其他的部落,但在时间向前推进的过程中,我们根据过去一切的历史说话,也会轮到这个部落被另外一个具有更高品质的部落制胜。社会与道德的种种品质就是这样倾向于缓缓地向前进展而散布到整个世界。

但我们不妨问一下,在同一个部落的界限以内,多数的成员又是怎样取得或被赋予这些社会与道德的品质的呢?而衡量它们好而又好的标准又是怎样提高的呢?在同一个部落之内,更富有同情心而仁慈的父母;或对同伴们最忠诚的父母,比起自私自利而反复无常、诡诈百出的父母来,是不是会培养更多的孩子成人,这件事极可以怀疑。任何宁愿随时准备为同伴牺牲自己的生命而不愿出卖他们的人——而这在野蛮人中间屡见不鲜——往往留不下什么孩子来把他的高尚的品质遗传下来。最为勇敢的一些人,由于在战争中总是愿意当前锋、打头阵,总是毫不吝惜地为别人冒出生入死的危险,平均地说,总要比其他人死得多些。因此,若说赋有这些美德的人的数量,或他们那种出人头地的优异的标准能够通过自然选择,也就是说通过适者生存的原理,而得到增加或提高,看来是大成问题的。

在同一部落之内，导致有这种天赋的人在数量上增加的种种情况虽然过于复杂，难以一一分析清楚，但其中有些可能的步骤还是可以追溯一下的。首先，当部落成员的推理能力和料事能力逐渐有所增进之际，每一个人都会认识到，如果他帮助别人，他一般也会受到旁人的帮助，有投桃，就有报李。从这样一个不太崇高的动机出发，他有可能养成帮助旁人的习惯。……但是促使一些社会德操发展的另外一个强大得多的刺激，是由同辈对我们的毁誉所提供的。……因此，爱誉和恶毁之情在草昧时代极为重要。在这时代里的一个人，即便不受到任何深刻的出乎本能的感觉所驱策，来为同类人的利益而牺牲生命，而只是由于一种光荣之感的激发而做出这一类利人损己的行为，也会对其他人产生示范作用，并在他们身上唤起同样的追求光荣的愿望，而同时，通过再三的习练，在自己身上，也会加强对别人的善行勇于赞赏的崇高心情。这样，他对部落所能做出的好事，比起多生几个倾向于遗传他高尚特征的孩子来，也许要远为有意义得多。……

我们千万不要忘记,即便对一个部落中的某些成员及其子女来说,一个高标准的道德无法赋予他们多少优于其他成员之处,甚至对他们本身完全没有好处,但对整个部落来说,若天赋良好的成员数量有所增加、道德标准有所提高,就必定会带来莫大的好处,帮助它在与另一个部落的竞争中获胜。一个部落,如果拥有许多富有高度的爱护本族类的精神、忠诚、服从、勇敢与同情心等品质的成员,他们几乎随时随地都能互相帮助,并为共同的利益而牺牲自己,这样一个部落会在绝大多数的部落之中取得胜利,而这不是别的,就是自然选择。①

此处,达尔文讨论的是被现代生物学家称为利他主义(altruism)的行为进化。它指一个个体为帮助另一个体而做出的自我牺牲行为。更准确地说,利他主义是指有利于受助者,但会损害施助者的行为。引文出处部分的内容足以令现代利他主义理论家也不禁为之赞叹,因为它囊括且明确了如今该领域的一切基本问题,以及当下所有(只有一个例外)

① 本书第七、八章中的引文部分,以及正文中相关术语,中译文均参考或援引商务印书馆 1983 年版《人类的起源》(潘光旦、胡寿文译),略有删改。——译者注

获得公认的解决方式。

　　此处的问题是，人类社会赖以存续的这些合作行为是如何进化而成的。达尔文的论点在当时备受争议，他认为这些"社会功能与道德功能"是通过自然选择进化而来的。以宗教的观点来看，心理能力与道德感是我们区别于畜生的属性，也许人类的躯体与非人的动物有部分类似，但这些生物几乎没有任何类似道德感的属性，地球上的物种千千万万，但神把道德感这一神圣属性唯独赐予了人类。达尔文对这一说法的回应是，追溯非人动物身上道德性的雏形，并展示人类道德性的阶段性进化过程。

　　达尔文发现了合作与道德感在战争中的优势，正是这一优势令人类愿意携手合作。在两个部落的竞争中，哪个部落成员合作得更好，就越有望成功。自私自利者的部落将很快被打败、被淘汰。道德所带来的战争优势会促进其自身的进步。

　　这一观点至少有一部分很可能是正确的，只是其中仍存在一点儿看似矛盾之处。自然选择能如何造福那些为了部落而置自身生死于度外的个体呢？个体越是勇敢，被杀的可能性便越大，因此平均而言，这类个体能繁衍的后代数量会更少。"因此，自然选择几乎不可能令［这些］人的数量增加。"

如今，人们对利他主义的讨论都是围绕这一基本点展开的。似乎任何自我牺牲行为都与自然选择相矛盾，这就引出了下一个问题，利他主义究竟是怎么出现的？这就是达尔文在引文剩余部分试图回答的问题。他提供了三个可能的答案。

第一就是我们现在所说的互惠（reciprocity），或至少给出了如此暗示。如果一个人（A）帮了另一个人（B），那么之后，B就很有可能再反过来帮助A。达尔文与现代思想家不同，他将互惠建立在理性算计（rational calculation）之上，即"推理能力与预见能力"。他称之为"不太崇高的动机"。不过，互惠的实现其实完全不需要任何推理与预见的能力，它需要的是个体识别（individual recognition），或与之相当的东西。以现代最著名的互利主义研究为例，该研究以群居的吸血蝙蝠为研究对象。当夜幕降临，吸血蝙蝠会飞出巢穴，寻找家禽家畜等可提供血液的猎物。某天夜里，有只蝙蝠很倒霉，没找到血液。待它饥肠辘辘地回到巢穴后，另一只比它成功的蝙蝠也许会反刍一顿血液大餐给它。而它们之间的角色可能会在之后的某个夜晚对调。要形成这种互利体系有几个必备条件：蝙蝠个体间必须能够相互识别，并衡量相对需求。否则，帮过同伴的蝙蝠在非偶然情况下就很可能得不到回报，或者它可能会帮错对象。不过，该体系无须任何理性算计和预见能力。这两种能力蝙蝠也许都不缺，只是它们这种血液反刍互助体系的建立需要觅食成功者对觅食失败者给予帮助而已。只有曾帮过同类的蝙蝠也能在自己有需要时得到帮助，自然选择对它们来说才是有益的。达尔文也许已掌握了大致的观点（尽管他并不知道这个吸血蝙蝠研究）。他说过："每一个人会认识到，如果他帮助别人，他一般也会受到旁人的帮助，有投桃，就有报李。"在我看来，这似乎意味着一些业已存在的互惠行为是可以通过学习获得的。达尔文也许在暗示，推理能力和预见能力可以推动现有互惠体系进一步完善。不过，直观看来，确实让人觉得达尔文是将互惠建立在推理这一基础之上的。现代生物学家认同互惠是自然选择支持利他主义的一种方式，但他们并不认同它必须建立在理性推理的基础之上。

接下来，达尔文又提到了互惠体系形成的另一要素——来自同伴的爱誉和恶毁。在我看来，他似乎在探讨，社会或文化因素在有与没有自然选择的情况下如何激发自我牺牲行为。从现代角度出发，我能看到两种理解该论点的主要方式。其一，支持自我牺牲的不只有自然选择。我们之所以对爱誉和恶毁敏感，最初可能确实源于正常的自然选择过程。对社会中其他个体情绪敏感的个体会产生更多后代。不过，这种敏感性一旦进化，就可能导致该个体为获得更大的社会荣誉而牺牲自我。（或者，可能是其他社会成员通过"爱誉和恶毁"这一工具来操纵其他个体，使他们做出自我牺牲的行为。）在这种文化氛围影响下的个体就很可能会做出违背自然选择规律的事情来。另外，因信仰宗教而奉行的独身行为也是一例。假定独身者不繁衍后代，那么独身这一行为就很可能遭到自然选择的反对。不过，个体仍可能因自身宗教信仰而决定彻底放弃性行为。个体决定与文化影响的力量也许会超越自然选择。

批评家也许会提出反对，认为若我们对爱誉和恶毁的敏感，或对自己宗教信仰的敏感会导致繁殖率降低，那么早在很久以前，自然选择就会对我们的大脑运行机制加以改造。改造后的我们仍能具备社会敏感性，或保有宗教信仰，但绝不会采用这种与自然选择相抵触的方式。其实，自然选择确实一直在影响着我们的大脑进程，因此我们才会产生不想繁殖的念头。不过，达尔文（在我们正探索的这一解释上）的论点仍然有用。相较文化改变与人类的个体选择，自然选择确实是个相当缓慢的过程。无论配备的是何种大脑运行机制，个体总有办法选择做出减少繁殖量的事。自然选择可能一直在反复调校我们的大脑，但文化因素并非一成不变，也许我们中的一些人就是在它们的不断引导下做出了会减少繁殖量的事情。

达尔文的这一论点还有第二种解释方式，那就是否认文化与自然选择间存在冲突。也许就平均而言，以自我牺牲寻求最高社会荣誉的个体也能从这一牺牲行为中受益。毕竟，每牺牲一人，另一个同样愿意自我牺牲的人就可能幸存下来，得到回报。如果幸存者的收获超过了死去个体的损失，那么平均下来，以自我牺牲方式谋求荣誉的行为（在进化论意义上）就是值得的。

这两种解释并未涵盖文化、人类决策与自然选择间所有可能的关联方式。我们甚至不知道这两种解释中哪个是对的（也可能两种都不对）。在理解人类行为的过程中总会遇到无穷无尽的不确定，令我们身不由己。不过，达尔文的论点（在不止一个解释上）仍然站得住脚。人类的决定会受文化因素左右，这也许就是个体做出自我牺牲行为的原因。

最后，达尔文又选取了另一种角度来解释自我牺牲，也就是我们现在所说的"群体选择"（group selection）。当两个部落相互竞争时，成员越富有牺牲精神，越无私，越守规矩，其部落获胜的可能性就越高。达尔文说，群体（或部落）层面的这种优势"就是自然选择"。在部落内部，为部落利益牺牲自己的个体会被那些从其牺牲中受益的个体所取代。不过在整个部落的层面，自我牺牲的成员越多，其所产生的优势就会超过个体的劣势。利他主义会给群体带来优势，因此能获得自然选择的青睐。

绝大多数（虽然不是所有）现代进化生物学家都认同，将群体选择作为对利他行为的一种可能解释，但对于该解释能否应用于现实，他们仍持怀疑态度。其原因在于，当个体利益与群体利益相冲突时（比如战争时期），自然选择对个体的影响力往往高于对群体的影响力。着眼于个体"世代"的发展时，自然选择支持的是对个体有利的特征。若一个自私者能避免牺牲自己，且比自我牺牲者生下更多后代，那么该部落中自私行为出现的频率就会增加。着眼于部落"世代"的发展时，受到支持的就会是那些对部落有利的特征。也就是说，当自私自利者的部落被利他主义者的部落消灭，利他主义出现的频率就会增加。但部落之"死"要比个体之死罕见得多。因此，最终被自然选择稳固下来的东西，往往是在快速、持续的个体选择过程中有利于个体的特征，而非在缓慢、间断的群体选择过程中对群体有利的特征。

不过，我们还是可以给出让群体选择胜过个体选择需要满足的理论条件。达尔文的观点不一定有错，也并非语无伦次，只是自从他给出这一观点，生物学家便对群体选择发挥作用的必备条件产生了极其浓厚的兴趣。与他的直率措辞相比，他的论点可能更容易在其现代追随者间引发争议。不过，话说回来，达尔文能发现个体利益与群体利益在"社会功能与道德功能"进化中存在冲突就足以令人惊讶了。他认为"社会功能与道德功能"是通过群体选择形成的，这一观点尽管存在争议，但至今仍未被驳倒。

在他之后的生物学家又给他的列表增加了一个更深层次的因素。该因素通常被称作"亲属选择"（kin selection）。若自我牺牲对与某一个体有血缘关系的亲属来说是有利的，那么就能得到自然选择的支持。单一个体的基因是有一定概率出现在与其有血缘关系的兄弟姐妹身上的。若不同的个体拥有相同的父母，则他们具备同一基因的概率会高达50∶50。因此，若某一个体的自我牺牲能令亲兄弟或亲姐妹的子女数量比原来多出一倍，那么这个行为就会得到自然选择的支持。

我们几乎可以确定，达尔文从未想到过亲属选择这一因素。《物种起源》中有一段写到蚂蚁个体不育与其社会等级的关系，该部分曾一度被认为与亲属选择有关，但仔细阅读后会发现，它们确实毫无关联。直到 1964 年，关于亲属选择的主要著作才陆续出现，作者是 W. D. 汉密尔顿（W. D. Hamilton）。总而言之，生物学家至今仍将自我牺牲行为视作对达尔文自然选择理论的主要挑战。而他们所探讨的四种可能正确的解释方式为：亲属选择、互利主义、群体选择和文化因素。若以文化来解释：自然选择反对自我牺牲；它的存在依赖于某种文化因素的作用，比如达尔文所说的"爱誉和恶毁"。这四种解释，达尔文至少探讨过三种；只有亲属选择明显是后达尔文时代的发现。现代生物学家与达尔文的不同之处在于，他们不将互惠建立在理性算计与预见能力的基础之上，他们对群体选择的力量也更加怀疑。尽管存在上述种种区别，尽管达尔文用的是维多利亚时代的表达，但他在分析中所透露出的观念还是非常接近现代观点的。

第八章

自然选择对文明国家的影响：《人类的由来》之二

但自然选择对文明的民族国家起着些什么作用，似乎也值得在这里一并谈一谈……就野蛮人来说，身体软弱或智能低下的人是很快就被淘汰的，而存活下来的人一般在健康上都表现得精力充沛，而我们文明的人所行的正好相反，总是千方百计地阻碍淘汰；我们建筑各种医疗或休养的场所，来收容各种痴愚的人、各种残废之辈和各种病号。我们订立各种济贫的法律，而我们的医务人员竭尽才能来挽救每一条垂危的生命。我们有理由相信，接种牛痘之法把数以千计的体质本来虚弱而原是可以由天花收拾掉的人保存了下来。这样，文明社会里的一些脆弱的成员就照样繁殖他们的种类。凡是做过家畜育种的人都不怀疑这种做法会高度危害人类的前途。在家畜的育种工作里，只要一不经心，或经心而不得其当，就很快会导致一个品种退化，快得令人吃惊；但除了人自己的情况没有人过问而外，几乎谁也不会那么无知或愚蠢，以至于容忍他家畜中最要不得的一些个体进行交配传种。

我们所感觉到不得不向无助的人提供援助，主要是源于同情心的一个偶然而意外的结果。……即便在刚性的理性的督促下，同情心也是抑止不住的，横加抑制，势必对我们本性中最为崇高的一部分造成损失。外科医师在做手术的时候，可以硬得起心肠，因为他知道他的工作是为了病号的利益；但若我们故意把体魄柔弱的人、穷而无告的人忽略，那只能是以一时而靠不住的利益换取一个无穷无尽的祸害。因此，我们不得不把弱者生存而传种所产生的显然恶劣的影响担当下来；但在同时，看来至少有一种限制是稳健而不停地活动着，那就是，社会上一些软弱而低劣的成员，比起健全的来，不那么容易结婚。……以1853年间收集的大量统计数字为根据，可以确定一点，即

在法国全国二十岁到八十岁的不结婚男子中间，死
亡的比例要比已婚男子大得多：举一部分的年龄组
为例，在每一千个二十与三十岁之间的未婚男子中，
每年要死亡约 11 个人，而在同年龄的已婚男子中，
一千个里只死亡约 7 个人。……斯塔克（Stark）博士
认为，死亡率降低是"婚姻及由此带来的更有规律的
家庭习惯"的直接结果。不过他也承认，有酗酒、荒
淫和犯罪行为的那几类人活不了多久，通常不会结
婚；同样也得承认，体虚、多病或有任何重大身体残
障或智力缺陷的人常常也无结婚意愿，或者会被他人
拒绝。……总而言之，我们不妨以法尔（Farr）博士
的观点作为结论，已婚者比未婚者死亡率低看似一条
普遍法则，但其"主要得益于不完美类型的不断淘汰，
以及每个世代对最出色个体的熟练选择"。

《人类的由来》是本关于人类进化的书，绝大部分内容都
与人类过去的进化有关。我们今天有年表可用，达尔文那时
可没有，不过，他的书还是以发生在约 500 万年前到约 2.5
万年前间的人类大事件为主。那段时期，我们的祖先进化出

多个有别于其他猿类的特征，比如大容量的大脑和双足直立的姿势。生活于 2.5 万年前左右（根据地区不同，时间会略有出入）的人类已经与现代的我们没有明显的区别了。不过，他还增设了一节，叫"自然选择对一些文明民族国家的影响"。达尔文以及他那个时代的读者也许比如今绝大多数读者都更加确信"文明"的意义，不过，达尔文在头几句中就开门见山地阐明了自己论点的核心。自然选择通过左右死亡率高低和生育力大小来发挥作用，在此过程中，一些个体会死亡，一些个体能存活，活下来的人中，有的后代多，有的后代少。达尔文所说的"文明民族国家"是指，拥有能"阻碍淘汰的进行"的医疗、卫生及福利系统的社会。举个例子，牛痘接种令许多原本会死于该传染性疾病的人活了下来。因此，某些社会很可能延缓甚至阻断了自然选择的作用过程。

在阅读头几句时，现代读者必须考虑到语言使用习惯的改变。"为智力低下的人（建立）收容所"或"家畜品种退化"等表达明显涉及敏感话题，这些话题会引发语言学家所说的委婉语蠕变（euphemism creep）。委婉语蠕变是指，人们引入与现有词（比如"智力低下"）意思基本一致，但不具其贬义含义的新词，但这些新词也会逐渐发展出与旧词类似的贬义，促使人们再引入更新的词。毫无疑问，针对同一话题，我们今天的讨论对 135 年后的读者来说可能具有敏感性，达尔文的讨论对今天的一些读者来说也是如此。达尔文的特别之处并不在语言的运用上，而在于其论点的力量。他是人类有史以来最伟大的思想家之一，绝大多数读者都想要追随、理解他的论点，并从中受到启发，他们并不想因语言问题而分心。

自达尔文时代以来，关于某些人类社会是否能削弱自然选择之力的各种论点便一直备受争议。（再次）令我们惊讶的是，达尔文为后续讨论确定了所有主题，至少囊括了许多 20 世纪与 21 世纪的思想家在支持或反对优生学时所选取的主题。

首先，达尔文提出，自然选择的影响力在"文明民族国家"可能会有所下降。通过与家畜的类比，我们可推断自然选择影响力的下降会导致人类素质的逐代下降，因为较差的类型不会被淘汰。要解决这一问题，一种可能的方式是重新借助自然选择力，停止医疗介入。达尔文出于道德原因摈弃了这一选择。因为那样"势必对我们本性中最为崇高的一部分造成损失"。而且，"若我们故意把体魄柔弱的人、穷而无告的人忽略过去，那只能是以一时而靠不住的利益换取一个无穷无尽的祸害"。这个段落值得多加注意，因为那些很可能只读了前面"家畜品种退化"那几句的人有时会指责达尔文是优生学倡导者。继续往下读便会发现，达尔文立刻拒绝了一切重新借助自然选择力的行为。因为那将意味着一个"无穷无尽的祸害"，它就潜伏在因缺乏医学与福利支持而只能等死之人的痛苦之中。显然，达尔文连文明是否为退化创造了条件都不确定。他说的是，忽略弱势与无助的人只能带来"一时而靠不住的利益"。也就是说，此举也许能阻止退化，也可能阻止不了，一切都要视具体情况而定。如果自然选择的影响力确实被削弱了，那么随之而来的可能就是退化。不过，自然选择对人类的选择作用真的减弱了吗？为了解答这一问题，达尔文开始关注已婚者与未婚者的死亡率。当时已有丰富证据表明，同等条件下，未婚者的死亡率高于已婚者。据达尔文已掌握的数据显示，未婚者的死亡率是同龄、同地区已婚者死亡率的两倍左右。

就死亡率差异，达尔文考虑了两种解释。第一种是，可能是婚姻本身导致死亡率下降，比如社会可能更优待已婚者而非单身者。第二种是，也许健康状况更佳的个体在婚姻市场上更受青睐，而单身者都是健康状况较差的"剩男""剩女"。如此说来，已婚者与未婚者之间的死亡率差异就不是由婚后生活质量的改变而引起的，而是因为婚姻市场根据质量来挑选个体。达尔文支持第二种解释。他的研究结论认为，自然选择对人类的影响力可能从未被削弱。自然选择涉及很多方面，接种牛痘与外科手术可能确实削弱了其中某些方面，但另一些"完好无损的"仍会左右我们对结婚对象的选择。文明人也许并未走向退化。

在现代人类生物学中，达尔文提出的问题仍然存在。达尔文的第一个论点是，若自然选择的影响力遭到削弱，人口素质就会逐渐下降。毕竟，自然选择通常会帮我们淘汰掉次等基因，即生物学家所说的有害突变（deleterious mutation）。拥有次等基因的个体在生下后代前死去的可能性更高，通过这种方式，就能将这些基因从群体中抹去。不过，每一代人都会发生有害突变，产生新的有害基因，其数量的增加是稳定的。对绝大多数现存生物来说，群体所产生的新突变与自然选择所抹去的突变近乎平衡。在一个群体中，若有害突变基因的自然选择淘汰率低于新生率，那么该群体的成员质量势必会逐代下降。生物学家就这一过程进行了实验。若令自然选择不再作用于果蝇（标准实验动物），其平均预期寿命会逐代缩短。准确来说，每代果蝇的存活能力都较上一代下降了约 0.5%。在没有自然选择作用的情况下，这些实验果蝇在繁殖 30 代后，其子代的生存能力便会降至初代的 85% 左右。

在无自然选择作用的情况下，群体质量的下降率取决于有害突变的发生率。若有害突变率高，群体就会迅速退化；若有害突变率低，退化速度就会减缓。目前，生物学家在突变率的定义问题上仍未达成一致。若某些国家的人确实彻底摆脱了自然选择的作用，那么我们便可断定，他们的 DNA 将逐渐随机化。只是我们并不知道这种随机化是否会在几代、几十代或几百代后变得显著。无论如何，至少达尔文"若自然选择失效，生物便会退化"的这一基本主张仍为人们所普遍认可。

达尔文的第二个论点与道德有关——我们利用医学的做法是正确的。虽然这样做可能会妨碍自然选择，但放任自流的后果真是太糟糕了。我觉得现代人会比达尔文那个时代的人更加认同这一观点。介于两个时代之间的某些（尽管并非所有）优生学家坚称，我们应该修复自然选择以淘汰质量低下的基因，或用技术手段模仿自然选择，比如说，可以对基因质量不佳的人实施绝育手段。确有某些国家曾制定过此类法律，并贯彻实施了优生政策。纳粹德国就是其中之一，但并非唯一，他们的法律其实效仿自美国。从 20 世纪中期开始，优生政策在政治上不得人心，因而优生法遭到废除。与达尔文一样，现代社会愿意容忍任何可能出现的遗传退化，无论供其选择的替代方案是制定优生法，还是重新借助自然选择。对此仍有一些少数派不予认同，但他们只是少数，且对此心知肚明。

最后，达尔文提出质疑，反对声称人类社会会削弱自然选择影响力的某些论调。医学也许削弱了自然选择的部分力量，但婚姻市场仍能有效剔除坏的基因。后续研究充分支持了达尔文关于已婚者与未婚者死亡率的事实性观点。截至 20 世纪 60 年代前后的大规模调查以确凿证据证明了这一差异的存在。接受调查的国家均出现了这一差异，且无男女差异。平均而言，同等条件下，未婚男性的死亡可能性是已婚男性的 1.8 倍左右。换作女性，该差异在 1.5 倍左右。大概在 20 世纪 70 年代以后，统计数据就变得没那么有趣了。非婚生育与结婚但不生育的现象在许多国家变得更为普遍。就自然选择的运作方式而言，重要的是生育者与不生育者之间的遗传质量差异。无论是在达尔文那个时代，还是其身后的数十年，已婚者与未婚者的相对死亡率都是研究这一问题的一种方式，虽然粗略但方便好用。换作现在，研究的难度就大得多了，这一点在美国与任一欧洲国家里都能得见。我们应该了解的是已为人父者与未为人父者之间的相对死亡率，以及已为人母者与未为人母者之间的相对死亡率。

在自达尔文之后的一个世纪中，尽管未婚者与已婚者之间的死亡率差异得到了更好的记录，但对其出现缘由的解释并未更加清晰。生物学家与社会科学家一直在达尔文考虑过的两种解释间争论不休。是婚姻降低了人死亡的可能性，还是因为人死亡的可能性小，所以结婚的可能性更大。我们说过，达尔文认为第二种解释更为重要。不过他的论证（本章引文内容未完全涵盖）太过简短，不足以令人信服。这个问题在人类方面，要取得决定性证据几乎是一件不可能实现的事。而在非人类方面，生物学家已在多个物种身上发现了可靠证据，这些证据显示，基因质量高的个体在交配市场上更为成功。这确实为达尔文的解释提供了一些支持，但可能尚不足以说服怀疑论者。人类已婚者与未婚者间出现的死亡率差异仍可能是结婚（现在是指一夫一妻的结合）所带来的结果。

在达尔文的这一推论中还有一点值得注意:它假设已婚者与未婚者的死亡率差异与遗传有一定关系。若拥有次等基因的人无法结婚,那么自然选择就只能通过婚姻市场来发挥作用。一个人若健康状况不佳,那么他结婚的可能性就会降低,但这种健康差异完全源自非遗传因素。为婚姻市场所歧视的是不健康的人,而非糟糕的基因。基因对个体健康与个体死亡率有一定影响是一种合理的假设,比如,我们掌握了大量关于遗传性疾病的证据,但归根结底它仍旧只是假设而已,难以测其真伪。要证明已婚者与未婚者之间的死亡率差异与遗传有关,就必须进行特定实验,但这类实验已超出了我们的能力范围。

除婚姻市场外,生物学家还发现了自然选择可能影响人类的其他方式,其一就是生命周期早期的选择,包括对精子与卵子的选择。许多医疗手段都是针对老年人的,几乎完全不影响自然选择对整个人口的作用。老年人已经过了可育年龄,若医学能让他们多活 10 年,也不会对下一代人口的遗传组成有任何影响。(在这一讨论中)只有当患者在被医学挽救后繁衍了后代,医学的作用才会真正凸显,因此,但凡针对已达到不可生育年龄者的医疗行为,我们都可忽略。

自然选择对坏基因的淘汰作用，许多都发生在生命周期的早期阶段。女性会产生数百万个可形成卵子的细胞，但最终能成功发育为卵子的只有寥寥数十个而已。在这数十个卵子中，也只有少数几个能受精并发育。就算已成功形成胚胎，也只有约30%能成功发育成婴儿，剩余的70%都死亡了。男性会产生数以十亿计的精子，但只有极少的精子能成功将自身DNA传给下一代。精子与卵子的死亡率是极高的，胚胎在发育早期阶段的死亡率亦是如此。我们不知道自然选择对此类死亡率的作用大小，但我们知道其中确有自然选择的成分在。自然选择消灭人类坏基因的方式可能是阻碍一些配子成为受精卵，并阻碍一些受精卵发育成婴儿。要降低此类早期死亡率，医学基本无计可施。就算医学削弱了自然选择的力量，那也是在生命周期的后段，即介于出生（或稍微早一点的时候）与老年之间。因此，自然选择在"文明民族国家"发挥作用的方式基本与它在人类进化过程中发挥作用的惯常方式相同。

总而言之，人们依然对医学和福利是否削弱甚或暂停了自然选择对人类的作用这一话题有着热切的兴趣。一些作者假定答案是"是"，他们也不无正确的可能，（某些国家的）

人也许正随着自身DNA的逐渐随机化，经历着独特的进化历程。文明可能会引导我们走向灭绝。不过，那也只是假设而已，尚无定论。正如达尔文所言，自然选择仍可以通过婚姻市场发挥作用，它甚至还有可能影响生命周期早期阶段。如此一来，文明既可以展现"我们本性中最为崇高的一部分"，又不用削弱自然选择力，换言之，不用将我们推入遗传退化的深渊。

第九章

性选择：《人类的由来》之三

任何雌雄异体的动物，雌性与雄性的生殖器必定存在差异，这些就是第一性征。……此外还有一些和第一性的生殖器官没有什么联系的两性差别，而这些才是我们的讨论应该特别关注的——例如，雄性较大的体型或身材、更强的体力、更狠的好斗性、它那应付对手的种种进攻性或防御性的武器、它刺眼的颜色和种种装饰、它的歌唱的能力，以及其他诸如此类的性状。

　　此处我们要讲的是性选择。性选择要取决于某些个体在繁殖方面超越同性别、同物种其他个体的优势。……生物的许多躯体结构及本能的形成不可能有性选择以外的第二条途径——比如雄性用来与敌人战斗并驱赶对方的攻击性武器与防御手段，它们的勇敢与好斗，它们千奇百怪的装饰物，它们用来发声的结构，以及用来释放气味的腺体——我们现在所见的这些结构，绝大多数都只有一个目的，就是引诱或刺激雌性。我们可以看得很清楚，这些性状是性选择的结果，而不是寻常的选择，即自然选择的结果，因为如果没有一些天赋较好的雄性在场，那些没有武器、不会打扮、不讨雌性喜爱的雄性就会在寻常的生活战斗之中，在遗留大量的子息方面，同样取得良好的成功。我们可以推论认为事实大概就是这样，因为一般雌性动物，既没有武装，又不事装饰，也能照样存活而生育子息。刚刚说过的这一类第二性征将在下面的几章里得到充分的讨论，因为在许多方面它们是很有意趣的，尤其是因为它们所依据的是一些个体的意愿、拣选和彼此之间的竞争，雄的也罢，雌的也罢。当我们目睹两雄争取一雌的时候，或若干只雄鸟在一群雌鸟面前，展示它们的华丽的羽毛和表现古怪的把戏时，我们无法怀疑，这其间尽管有本能的驱策，使它们不得不尔，同时它们也知道自己的目的是什么，而有意识地把心理与体质方面的种种能力施展出来。

正如人能够通过选择在斗鸡场上取得胜利的斗鸡而改进斗鸡的品种一样，看来，在自然状态之下，最坚强和最精干的雄性动物，或武装得最好的那些，是一些优胜之辈，它们终于导致了自然品种或物种的改进。足以产生便利的变异倾向，无论程度如何细小，在雄性动物之间不断的你死我活的竞争过程之中，就替性选择提供了足够的用武之地，而可以肯定的是，第二性征又正好是变异倾向特别大的性状。也正如人能够按照自己的鉴赏标准对雄性的家禽施加美色一样，或说得更严格一些，能够就一种家禽的祖种所原有的美观加以变化，例如在印尼矮鸡的一个品种原有的色相的基础之上，添上一套新颖而漂亮的羽毛和一种不同凡响的亭亭玉立的风采——那样看来，在自然状态之下，雌鸟通过长期选取色相较好的雄鸟，而对各有关鸟种的雄性之美，或对其他惹人喜爱的品性有所增益。无疑，这不言而喻地牵涉到雌性辨别和鉴赏的能力。这骤然看去像是事理上极不可能的，但通过下文所要提出的种种例证，我希望能够表明，雌性动物实际上是真有这些本领的。

性别差异理论在《人类的由来》一书中占据了绝大部分篇幅，达尔文称之为性选择理论（这一叫法沿用至今）。该理论要回答的问题是，为什么许多物种的雄性都进化出了明显对自己不利（会降低自身生存几率）的属性呢？雄孔雀的尾巴就是一个鲜明的例证。（严格来说，雄孔雀的"尾巴"是由其背部羽毛而非尾部羽毛生长而成，但方便起见，我们用其常用名来指代。）雄孔雀的尾巴是一个个头儿庞大且过分华丽的装饰物。长出这样的装饰物是要付出巨大代价的，它鲜艳的色彩会引来猎食者，它巨大的个头儿会降低飞行效率。若没有它，雄孔雀就能生存得更好一些。不过，不知为什么，它就是进化出来了。

雄孔雀的尾巴显然是个不利于适应的属性。我们已经在第一章中了解到，达尔文认为自己（及其他所有人）的进化理论必须通过测试，第一项就是看该理论是否能解释适应。生物身上到处是适应的例子，啄木鸟的喙就是达尔文的常用例子。不过，我们现在还可以为生物的社会行为增加一些来自分子生物学的例证。自然选择通过了达尔文提出的第一项测试，因为它能轻易解释适应。

不过，自然选择在解释适应上的成功也可能反过来成为它的弱点：生物的一些属性似乎并不具有适应性，这就表明自然选择理论可能是错的，或者在某些方面不完全正确。如果自然选择真的无所不能，那么像雄孔雀尾巴这样的东西就不应该存在。正是因为这些过分华丽的性别属性给达尔文的理论带来这样深刻的挑战，他才会花那么多时间去思考它并搜集相关证据。在《人类的由来》第二篇中，有约 500 页的内容就是这一工作的成果。

首先，达尔文更加精确地说明了他关注的是哪类属性。他对"第一"性征和"第二"性征进行了区分。（达尔文所说的"性征"是标准的生物学术语，与个性无关，指的是生物体的属性或性质。）第一性征就是生殖器——外生殖器、卵巢和睾丸。考虑到雌雄双方要进行有性生殖，第一性征有所差异是很正常的。它们都是进化过程中由普通的自然选择塑造的。第二性征不仅仅是生殖所需那么简单，它们存在两性差异，似乎还会以某种方式参与生殖过程。雄孔雀的尾巴就属于第二性征。

不过，并非所有源自第二性征的差异都会给自然选择理论造成困扰。在本章未引用的部分中，达尔文讨论了五花八门的抱握器。这种器官在雄性水栖动物身上尤其常见，比如某些种类的甲壳类（包括虾蟹）。这些结构是雄性用来抓住雌性的，目的可能是防止雌性与雄性在交配完成前被水流冲开。抱握器的形状很可能是由自然选择塑造的。它们符合自然选择理论的性别差异，所以也不在达尔文的关心范围内。他讨论了某种鸟类的雌性和雄性间喙的区别（也不在本章引文中）。这很可能是因为雌鸟与雄鸟的"生活方式"不同，比如说，它们吃的食物可能不同。雄鸟与雌鸟的喙很可能都是由自然选择塑造的，正因如此，它们才能拥有最佳的进食效率。不过，仅凭自然选择是无法解释一切性别差异的。留给我们的未解之谜是"雄性更狠的好斗性、它应付对手的种种进攻性或防御性的武器"，以及"它刺眼的颜色和种种装饰、它的歌唱的能力"等。

紧接着，达尔文提出，这些第二性征并非普通自然选择的结果。他的推理构筑在所考虑物种的雌性外形上。如果雄性的一些属性是生存所必需的，那么雌性身上也应该有才对，比如鹿角或色彩鲜艳的羽毛。雌性没有这些属性就说明（尤其在我们进一步了解了性选择理论后)没有鹿角、没有鲜艳的羽毛装饰物才是对该物种成员来说最佳的状态。没有它们,雄性能生存得更好。不过,不寻常的性选择力量导致它们进化形成,降低了雄性在与生殖无关部分的生存效率。

性选择是什么?达尔文区分了两大主要类型,现在被称为雄性竞争(male competition)与雌性选择(female choice)。雄性可能会为了雌性而互相打斗,越强壮或武器越高级的雄性就越可能得到繁殖机会。历经一代又一代,雄性将进化出越来越强大的武器。武器是雄性的净优势,哪怕它们累赘到会降低雄性的生存概率。从进化论的角度来看,生存几率下降却能换来更好的繁殖机会。更庞大的武器如果会令雄性的生存几率减半,但同时又能令其繁殖几率提升两倍,那么就会进化出来。因此,雄性间的竞争可以解释一些显然不利于适应的第二性征。

雄性用于相互打斗的器官符合达尔文对性选择的描述。他说,性选择要发挥作用得依赖于某些个体在繁殖方面相对同性别、同物种其他个体的优势。在第二章中,我们已见识了达尔文的思维有多么与众不同,他认为竞争(用他的话说就是生存竞争)只存在于同一物种内部的不同个体间。他的性选择理论不仅阐释了同一主题，而且更深入了一层。其实，竞争并不仅仅存在于同一物种内部。如果食物资源短缺，同一物种内部自然会展开食物竞争，但一些近缘物种成员也可能加入这一竞争。在绝大多数情况下，这种为了存活的竞争不太受性别影响。不过，以繁衍为目的而展开的竞争就与性别密切相关了。雄性不会通过与雌性竞争来决定谁能成功生下后代，它们的对手只有雄性。

就遗传角度（这是达尔文当时力所不能及的），我们可以说，在一代传给下一代的所有基因中，一半来自雄性，一半来自雌性。雄性不可能在生殖过程中用自身基因取代雌性基因。若某个雄性强大善斗，它就可以提升自己的基因在下一代体内来自雄性的那一半基因中所占的比重；但没有哪种战斗可令它侵占来自雌性的那一半基因份额。从这层意义上来说，生殖竞争被局限在同一物种内部的同性别个体间。不同于同时代的绝大多数人，达尔文认为竞争只存在于同一物种内部的不同个体间，而非不同物种间，或物种与非动物界之间。而根据其性选择理论，竞争不仅发生在同一物种内部，还发生于同一物种的同性个体之间。

达尔文提出的第二个性选择机制是雌性选择。雄性竞争可以解释雄性用于打斗的第二性征器官。不过，某些物种的雄性还有装饰物，比如雄孔雀的尾巴，其害处不仅仅是无益于打斗而已。针对这些装饰物，达尔文提出了一个更为大胆的假设：正如人类会人工繁殖欣赏型家禽一样，"在自然状态之下，雌鸟通过长期选取色相较好的雄鸟，而对各有关鸟种的雄性之美，或对其他惹人喜爱的品性有所增益"。在达尔文之前的博物学家就已经察觉到雄性会为了雌性而互相争斗，不过没人提出与达尔文雌性选择理论相似的观点。

　　同样地，在达尔文之后的生物学家也普遍认同，雄性的某些属性，比如力量和武器，是雄性竞争的产物。不过，他的雌性选择假说引发了更大争议。原因之一在于，达尔文是从有意识的审美选择（我稍后会谈到这个话题）角度来阐释这一观点的。另一个原因是，达尔文并没有解释清楚，雌性为什么要进化出按照他所说的那种方式进行选择的能力。如果雌孔雀确实会优先与那些尾巴更大、更亮丽的雄性交配，那么这就有助于揭示雄性拥有这种结构的原因了。对雄性而言，因拥有过分华丽的尾巴而降低的生存几率能够换来更高的繁殖成功率，按照标准的达尔文主义机制，已经满足了进化所需的条件。

不过这一推论立刻引发了下一个问题：为什么自然选择要支持那些选择与尾巴大且色彩斑斓，但幸存率低的雄性交配的雌性呢？若要进化出这种选择机制，对交配对象挑剔的雌性必须比那些不挑剔的雌性留下更多的后代。若要让这种选择机制保留至今，它也必须得为雌性带去一些益处才行。达尔文没有探讨这个问题。就某种意义来说，他也不需要探讨这个问题。如果色彩斑斓是雌性的选择，那么雄性就会进化出斑斓的色彩。然后，色彩斑斓这个特质就（附有条件地）得到了解释。面对任何解释，你总能问出个"为什么"，将这个解释难题又绕回来，不过，即便其中某个问题令这项解释工作停滞在某一阶段，也并不代表它就是该理论的一个缺陷。

不过，说到雌性选择，以及如雄孔雀尾巴一样过度华丽、代价昂贵的结构时，这个问题就尖锐了。达尔文没有足以支撑雌性选择的证据。直到最近（20世纪90年代），生物学家才切实证明，雌孔雀确实更愿意与尾巴个头儿更大且颜色更鲜艳的雄性交配。达尔文的雌性选择假说是非常自相矛盾的。雌性竟然会选择那些拥有会降低自身生存几率属性的雄性。如此一来，该属性就会由后代继承，从而降低后代的生存几率。如果雌性能选择装饰物没有那么华丽的雄性，后代的生存概率就会更高，雌性的繁殖产出也会提高。自然选择的工作原理似乎与达尔文提出的雌性选择假说相违背。

雌性选择的进化这个问题令生物学家痴迷了将近一个世纪。1916 年，R. A. 费希尔（R. A. Fisher）率先提出一种解释。他认为，雌性选择可能是在一种"逃离"过程中进化出来的，该过程会导致它们选择装饰过度的雄性。一旦种群中的所有雌性都遵循一模一样的选择方式，那么大多数的偏好就会成为无法逃离的陷阱。如果某个雌性选择了不那么花哨的雄性，那么它的孩子们就会获得更好的生存几率——不过，待它们长大，它们仍将生存在一个绝大多数雌性都歧视不花哨雄性的种群中。为了生下交配成功率更高的儿子，每个雌性都不得不挑选花哨的雄性。

费希尔的想法历经诸多讨论。一些生物学家仍然支持，一些则拒绝接受，还有许多人尚不确定它是对是错。还有一些想法认为，雄性的装饰物能够表现出其优良的品质——比如遗传品质或抵抗疾病的能力。雌性若选择了模样花哨的雄性，就能生下健康的后代，它们将拥有与其父一样优秀的遗传品质。这种观点也备受争议。总而言之，正如达尔文所说，雌性选择仍然是目前对雄性那些无助于雄性竞争的"花哨"

属性的最佳解释。现在我们有了达尔文所缺乏的证据，证明了雌性确实有交配歧视，它们偏好某些特定类型的雄性。不过，为什么某些物种中的雌性似乎更偏好装饰过度华丽的雄性，即为什么会进化出雌性选择这一机制，仍是个未解之谜。不断有人提出好的想法，但没有哪一个能得到生物学家的广泛认可。

达尔文理论的另一备受争议之处在于，他是从有意识的精神力角度来对其进行阐释的。"当我们目睹两雄……在一群雌鸟面前，展示它们的华丽的羽毛和表现古怪的把戏，我们无法怀疑……同时它们也知道自己的目的是什么，而有意识地把心理与体质方面的种种能力施展出来。"同样地，达尔文认为雌性选择也是基于"偏好与审美的力量"的有意识行为。当达尔文写下"我们无法怀疑"时，他实际是说出了一些会迅速引发生物学家及心理学家强烈质疑的东西。

1900 年前后，一门关于行为的科学开始建立，其建立基础其实就是反对诸如达尔文的理论这种认为动物具有意识的观点。科学家开始意识到，选择伴侣这类表面复杂的行为可以由简单的机制产生。"更高的"精神力，比如有意识的推理，是不为这门新的 20 世纪行为科学所接受的。

拒绝接受有两种形式。一些人出于方法论而拒绝接受。动物意识是不可能用科学手段来研究的。因此,出于科学目的,我们选择忽略它。我们只研究行为上那些可以用科学方式来研究的方面。非人类也许能有意识地进行推理,也许不能,不过,为了取得多种多样的科学进步,我们不需要回答这个问题。另一些人则选择了更为艰难的道路,并坚称意识是人类独有的。带着这两种观点再去回顾达尔文的说法,它似乎就没有说服力了。不过,达尔文的主要论点其实都与非人动物是否存在意识无关。显然,他认为鸟类及其他生物与我们一样会有意识地奋斗。然而,即便它们没有意识,达尔文的主要论点也不会被动摇。无论我们是否能证明雄性努力给雌性留下深刻印象,努力打败其他雄性的行为是有意识的还是无意识的,进化的结果都将是我们今天见到的、希望加以解释的这些雄性器官。无论雌性在选择配偶时是依靠有意识的审美判断,还是无意识的决策机制,只要它们确实做出了选择,那么虽然不知道是以何种方式,但这个行为本身就能够解释雄性的某些属性了。因此,在某方面,现代对两性行为的理解与达尔文是不同的。在达尔文看来,许多动物的交配都是有意识的竞争与有意识的审美选择的结果。对绝大多数现代思想家来说，雄性展示自己与雌性选择雄性是天性使然。尽管人们现在仍在使用达尔文的理论解释性别差异，包括如雄孔雀尾巴一样古怪的属性，但达尔文关于意识的论述已经被现代思想家摒弃，不再出现在他们对性选择的论述中了。在这个意义上来说，达尔文发明了一种极其成功的理论。只是我们现在在使用时会忽略掉其中一个对达尔文来说至关重要的因素——意识。

第十章

情绪的表达

显然无疑，在我们还把人类和所有其余的动物看作是彼此无关的创造物的时候，我很难去研究表情的原因。这种说法同样可以良好地说明任何事物；我们已经证实，这种说法对于表情的理论方面，也像对于自然史的其他各个部门一样，有着相同的危害。人类某些表情的来源，例如由于极度恐怖而头发直竖的情形，或者由于发狂的大怒而露出牙齿的情形，除了承认人类曾经在很低等的类似动物的状况下生活过以外，难以理解。如果我们承认，不同但有亲缘关系的物种起源于共同的老祖宗，那么它们的某些表情的共同性就比较容易理解了。例如人类和各种不同的猿在发笑时会发生同样的面部肌肉动作，就是这样的。一个人如果根据"一切动物的身体构造和习性都是逐渐进化而来"这个普遍的原理，就会用一种新的具有趣味的看法，去考察这整个关于表情的问题了。……

现在我开始来叙述三个原理，我以为，这三个原理可以说明人类和比较低等的动物在各种不同的情绪和感觉的影响之下，所不随意地使用的大多数表情和姿态。……

I. 有用的联合性习惯（serviceable associated Habits）原理———一定的复合动作，在已知的精神状态下，为了减轻一定的感觉或者满足一定的欲望等而具有直接或者间接的用处；每当这种精神状态被诱发时，即使很微弱，也会靠习惯和联合的力量而倾向于完成同样的动作，即使这些动作在这一次完全无用。也曾有一些靠习惯而通常和一定的精神状态联合起来的动作可以通过意志而部分地被抑制；在这些情形下，那些很难听受意志分配的肌肉，就显露出仍旧极其想要行动的准备，因此就同时引起了一些动作，我们就把这些动作认作是表情动作。

II. 对立（Antithesis）原理——一定的精神状态会引起一定的习惯动作；而这些动作也像在第一个原理的情形下一样，是有用的。如果现在有一种直接相反的精神状态被诱发，那么立刻会显露出一种强烈的不随意的倾向，去完成那些具有直接相反性质的动作，即使这些动作完全无用也会发生。在有些情况下，这些动作表现得极其显著。

III. 由于神经系统的构造而引起的，起初就不依存于意志，而且在某种程度上不依存于习惯的作用原理——在感觉中枢受到强烈的激奋时，神经力量（nerve-force）就过多地发生出来，或者依照神经细胞的相互联系情形和部分地依照习惯的情形而朝着一定的方向传布开来，或者如我们所见，神经力量的供应可以发生中断。这样就产生了那些被我们认为具有表情性质的效果。为了叙述简明起见，可以把这个第三原理叫作神经系统的直接作用原理。①

---

① 本书第十章中的引文部分，以及正文中相关术语，中译文均参考或援引北京大学出版社 2009 年版《人类和动物的表情》（周邦立译），略有改动。——译者注

对达尔文来说，接连写作《人类的由来》（出版于 1871 年）和《人类和动物的表情》（出版于 1872 年）是一个漫长且持续的行为。他刚检查完《人类的由来》一书的论证，就立即投入到《人类和动物的表情》一书的创作之中。这时候的达尔文已经 63 岁，久病缠身，精疲力竭也在意料之中。但他很快就恢复了工作状态，在人生的最后十年中又创作出数本更有深度的著作。

《人类的由来》与《人类和动物的表情》密切相关。实际上，达尔文最初的打算很可能是将它们写成一本书，它们最终以两本书的形式呈现，一是因为篇幅太长，二是因为《人类和动物的表情》的基础理论自成体系。在《人类的由来》中，我们（从上文第七章）了解了达尔文看待人类一系列社会功能与心理功能的方式，这些功能包括语言、道德、宗教、社会合作、自我牺牲等。它们之所以重要，是因为特创论者（认为人类的起源与其他所有生物不同）往往坚称这些社会功能与心理功能是使人有别于其他生物的特质。我们的身体看上去也许像是猿类身体的改良版，不过（该论点认为）猿完全不具备我们的道德意识、社会意识和宗教意识。达尔文对此的应对策略是说明人类的所有这些功能是如何在自然选择作用下，从非人形态的祖先进化而来的。

达尔文就是在一个类似契机的启发下开始进行情绪研究的。1838 年，他读到一本以此为主题的书，作者正是这方面的专家查尔斯·贝尔（Charles Bell）爵士。贝尔说，某些面部肌肉是人类独有的，它们的功能就是做出表情。同样地，18 世纪的道德思想家与政治思想家也普遍认为脸红是人类所特有的表情。人类若总对彼此撒谎，就不可能开展社会生活，脸红这个表情正好有助于防止人们撒谎，或减少可能因谎言而造成的社会伤害。表情被认为是人类有别于其他一切生物的又一属性，就如同语言和道德一样。

在决定创作《人类和动物的表情》一书后，达尔文首先做的是收集信息，正式动笔已经是 30 多年后了。其实早在 1838 年他就已经知道贝尔的面部肌肉主张有误。人类的面部肌肉与非人的猿类的面部肌肉完全一致。达尔文读过贝尔那本书，他在该书页边所做的评语都留存了下来。其中有一处，贝尔在讨论某一肌肉（准确来说是皱眉肌）时说，它会令眉毛皱起，并"无法解释又无法抑制地传达出心里的想法"。达尔文评论道："猴子的这个地方呢？……我就曾在猴子身上见到过十分发达的皱眉肌……我猜他从未解剖过猴子。"达尔文开始追查探究人类与非人类物种在情绪表达形式上的连续性。事实证明，人类的情绪表达根本不存在任何独一性。

引文部分的第一段将这个问题带入了更深的层次。人们普遍反对一切非进化论的生命观，但在表情方面还是出现了一些具体的问题。我们的牙齿是猿和绝大多数猴的牙齿的弱化版。雄狒狒的犬齿就像匕首一样，是危险甚至致命的武器，会在发生冲突时亮出，在打斗中使用。黑猩猩也有用于打斗的巨大犬齿。

因此，我们的灵长目祖先曾将亮出犬齿（完全露出牙齿）作为威胁对方的方式，借此表达愤怒或欲发动攻击的情绪就合情合理了。尽管人类的牙齿已不足以用作武器，但我们依然会通过裸露牙齿来表现威胁或嘲笑。正如达尔文所言，除非采用进化论观点，否则就"难以理解"盛怒时会裸露牙齿的行为。

追查探究人类与非人类在情绪表达方式上所体现出的进化连续性一直都是《人类和动物的表情》一书的创作目的。不过，当达尔文构思出一套理解情绪表达的完整理论体系后，这个目的就被挤到了第二位。作为该书基础的主要问题是，情绪表达形式为何是我们今天所见的这样？为什么我们用微笑和笑声来表达正面的情绪，用哭泣表达伤心，用皱眉、皱起前额和嘴角下垂来表达悲痛？我们为什么会在觉得无助时耸肩？该书的主要章节详尽地分析了各种情绪状态，描述了其表达形式，并思考了这些形式的形成原因。这是一本令人着迷的书，涉及材料之广令人叹服，内容也格外引人入胜。达尔文不仅观察自己及同辈的其他成年人，还格外细致地观察了自己的孩子。他最大的几个子女出生于 19 世纪 40 年代，他们的出生进一步刺激了他写作该书的欲望。他观察过绘画、雕塑及文学作品如何表现情绪，并研究通过用电流刺激面部肌肉所获得的表情，从而探究面部肌肉对容貌的影响。除此之外，他还给居住在世界各地的人们寄去了问卷，询问当地人如何表达自己的情绪。达尔文根据这些答案总结出，人类的绝大多数的表情动作是通用的。

　　这个结论在 20 世纪的某些人类学家中引发了争议，但如今已被广为接受，尤其是在保罗·艾克曼（Paul Ekman）的研究完成后。《人类和动物的表情》以非技术性内容为主，还勾起了读者的个人兴趣，使之成为达尔文可读性最强的著作之一。

开篇，达尔文先构建了一个概括性的解释体系，该体系由引文后半部分所给出的三大原理构成。达尔文将这三大原理运用到该书的主要章节（关于特定表情的章节）中，只是表达普遍比较含蓄。由这三大原理构建起的理论体系并不如《物种起源》中自然选择理论构建的体系那般强大。自然选择为他所收集的关于物种的事实提供了强有力的解释。在《物种起源》中，他总是不断提及或应用该理论来为这样或那样的事实提供合理解释。相比之下，情绪表达三大原理只能帮助我们理解部分事实，却无法直接用来解释其他事实。在该书中，这些原理似乎只被达尔文用到某些问题上，而在其他大篇幅段落中，又被他忽略了。这本书并非是支持这三大原理的长篇论争，它更像是达尔文经深思熟虑后得出的想法，以及用这些想法构建的一套初级理论。达尔文习惯用概括性的观点来组织主题；但在情绪问题上，他就个别话题给出的观点非常有说服力，有时会让人觉得没有对这一概括性理论进行测验的必要。

尽管如此，这三大原理仍是该书的核心理论，无论达尔文说什么，都不会与之太过脱离。因此，我们非常有必要将这三大原理理解透彻。在引文中，第一个原理被达尔文称为有用的联合性习惯原理。在做出某些动作之前或做动作时，我们会情不自禁地摆出某一特定姿势。比如说，在可能发生打斗的冲突中，冲突双方会直视对方、收缩肌肉、举起拳头，这是一种非常合理的反应。

表达威胁或愤怒的方式当然不止这一种。它们都是达尔文用来说明有用的联合性习惯原理的例子。"有用的"即它们对处于某一状况中的你是有用的。如果要击打某人，就需要瞄准目标、收缩肌肉、摇摆手臂。它们与你的情绪，比如愤怒和欲发动攻击是"联合的"。达尔文的观点是，过去，我们的祖先在愤怒时可能常常会做出牢牢盯住对方并收缩肌肉之类的动作。随着时间推移，这些动作逐渐成为表达愤怒情绪时的一种习惯。

愤怒与威胁的表现方式不过是有用的联合性习惯原理中的简单例证，达尔文其实还将这一原理运用到许多更广泛、更细微的表情上。在引文部分，他说，"即使这些动作在这一次完全无用"，人们可能还是会表现出这些习惯。比如说，闭眼这个动作可能与各种各样的不快经历相联合，且这种联合是有用的，比如能保护双眼。但达尔文注意到，每当我们想起恐怖的事情时，哪怕身处漆黑房间，仍会闭上双眼。这种闭眼的习惯与恐怖经历产生联合，且在某些情况下对个体有利；就这层意义而言，它就是"有用的"。只是在用不上它的地方它也可能出现。即便如此，达尔文仍称之为有用的联合性习惯。另外，我们在排斥某一提议时常常会偏转身体方向，究其原因，他再次给出类似说法。转身这个动作是有用的，它可以保护我们免受某些侮辱。而联合性一经建立，哪怕处于对身体毫无威胁（尽管可能有助于交流）的状况中，比如礼貌的口头争论，这一习惯仍会反复出现。

在引文部分，达尔文进一步拓展了该原理的应用范围，瞄准了那些联合性习惯可能受到意志部分压制的情况。随后，他在讨论悲痛这一情绪时给出一个例子。人们对悲痛经历的一种反应可能是尖叫或哭喊。做这样的动作时，我们会收缩眼周各肌肉。对此，达尔文的解释是，眼周肌肉的收缩能保护眼睛免于过度充血，若不这样做，尖叫就会导致过度充血。他在关于伤心情绪表达的章节中分析哭泣动作，讨论了这一因果关系，并将所形成的论点运用到对悲痛情绪的说明中。

悲痛这一情绪通常用皱起前额、双眉向中下方聚拢的典型方式来表达。对此，达尔文的解释是，当我们设法"忍住不哭"或停止哭泣时，"悲痛肌"就会下意识地行动起来。我们的祖先之所以想要这样做，可能的理由五花八门。不过，无论如何，只要我们试图停止哭泣，就会带动相关的面部肌肉运动。我们会停止收缩与哭泣相关的眼周肌肉，鼻锥肌就是其中之一。我们身体上的肌肉往往成双成对且彼此"对立"，比如手臂上的肱二头肌与肱三头肌。其中一个收缩，另一个就必然拉伸。与鼻锥肌对立的就是位于其上方、处于双眉之间的"悲痛肌"。我们可以通过收缩"悲痛肌"来放松鼻锥肌。

达尔文仔细观察了孩子在开始哭泣与停止哭泣时的表征。"很快我便发现，悲痛肌在这些时刻常出现不同的动作。"他举了好些例子。有个小女孩因被其他孩子嘲笑而大哭起来。哭泣开始前，她的双眉进入了典型的"悲痛"位；不过当她真正哭起来后，这种悲痛的表情就消失了。

达尔文的推测是，这个孩子在哭泣前曾试图抑制哭意。他看到了因此而产生的短暂表情。类似地，他还观察了一名小男孩，那孩子正因接种了疫苗而撕心裂肺地尖叫痛哭。外科医生给他拿了个橙子，"这令小男孩开心多了，我也观察到了他停止哭泣时所做出的所有典型动作，包括前额中间形成了矩形的皱纹"。

因此，悲痛的表情可被理解为一种有用的联合性习惯，只是此处的推论比愤怒那个例子中的推论要复杂得多。悲痛的典型表情在人们试图压抑哭意的时候就开始出现了。试图压抑本身就会带动联合肌肉的反应，而这些肌肉与哭泣并没有直接关联。其所引发的结果就是前额中心出现皱纹，眉毛向中下部聚拢。

有用的联合性习惯原理是达尔文在该书中运用得最广泛的原理。正如我们刚才所见，在相当复杂的情绪表现形式中也可能发现第一原理的影子，哪怕达尔文并未明确援引。他的对立原理正好是其第一原理的逆命题。有时候，当我们的心理状态与因有用的联合性习惯而产生的表情完全相反时，我们就会表现出与其完全相反的姿态。在这一问题上，达尔文采用了猫、狗处于两种相反状态时的照片，这也是他最著名的例子。一只狗在"充满敌意地靠近另一只狗"时所表现出的姿态可被理解为一种有用的联合性习惯。它会立起身体，竖起尾巴，收缩肌肉。另一张照片上还是这只狗，不过这时的它正"处于恭顺且喜爱对方的心理状态中"。它身体呈蹲伏状，尾巴下垂，肌肉放松。它并没有目不转睛地凝视前方。另外，一只猫在"凶猛并准备发动攻击"与"处于喜爱对方的心理状态中"的一组对比照片也出现了类似情况。

　　尽管达尔文并没有再进一步论证，但理解对立原理的一种方式就是避免被误解。你因某人而愤怒时会表现出某种姿态。若你本意友善，就不会希望对方认为你在愤怒。要尽可能减小被误解为生气的几率，方式之一就是做出与愤怒姿态正好相反的动作。这样的论证比达尔文更深入了一步。达尔文只关注表情。不过，他也刺激了对交流这一问题感兴趣的作者们。表情与交流密切相关，但达尔文只对前者感兴趣。有时候，现代读者若想理解达尔文的思想，就必须在阅读该书时主动撇开已掌握的关于交流的知识，避免在阅读时将后者与达尔文的思想搅和到一起。

　　达尔文把第三原理称为神经系统的作用原理。他对这一原理的满意度远不及前两个。不过，有一些动作无法用前两个原理解释，比如在害怕时颤抖。正如他在引文中所言，他认为神经系统在某些状况下会因受到过于强烈的刺激而直接作用于人体，这些作用效果也可被认为是表情。

　　表情一直是个令人着迷的研究课题，对现代思想家来说亦是如此。达尔文在塑造现代表情思想体系方面的影响力远不及他的进化论对生物学的影响。不过，他的有用的联合性习惯原理和对立原理直到今天仍在影响着我们。

现代读者阅读《人类和动物的表情》这本书的目的，更多的是想一窥达尔文那独一无二、奇妙至极的思维方式。在将近 40 年的时间里，他利用系统性的方式与无意间的观察，收集了大量与该主题有关的观察资料。在阅读过程中你就会发现，达尔文的大脑总是处于活跃状态。无论身处何地，无论是在餐桌上注视着人们欢笑，或带孩子看医生，他都在细心观察、深入思考、提出问题并尝试将自己的想法放入宏大的理论体系中考察二者是否匹配。

1809 年	2 月 12 日，出生于英格兰的什鲁斯伯里，父亲罗伯特·华林·达尔文（Robert Waring Darwin）是一名成功的医生，母亲叫苏珊娜[（Suzannah），出生于瓷器制造家族，娘家姓韦奇伍德（Wedgwood）]。
1818 年	入读什鲁斯伯里中学。
1825 年	为学医入读爱丁堡大学。
1827 年	为成为牧师入读剑桥大学（基督学院）。
1831—1836 年	乘坐小猎犬号环游世界，到访过南美、加拉帕戈斯群岛等许多地方。
1837 年	居于伦敦，开始写第一本关于物种演变（即进化）的笔记。

1839 年	出版随后广为人知的《"小猎犬"号科学考察记》（ *The Voyage of the 'Beagle'*)；与艾玛·韦奇伍德（Emma Wedgwood）结婚。
1842 年	完成了第一篇关于进化论的论文，虽未发表，但形成了自然选择进化论的框架；发表《珊瑚礁的结构与分布》（ *The Structure and Distribution of Coral Reefs*)；迁居至肯特郡达温村的唐屋。这栋住宅与达尔文一家曾用过的许多东西都被很好地保存至今，公众可入内参观。另外，住宅名的拼写方式也常引人好奇，其实其中藏着一个故事：达尔文刚搬来时这里还叫唐（Down）村，后来一名地方官员为避免村名与唐（Down）郡之名混淆，故将之改为达温（Downe）村，但达尔文并没有随之换掉自家住宅之名，将"唐（Down）屋"保留了下来。
1844 年	完成了第二篇关于自然选择进化论的论文，篇幅较上一篇更长，但也未发表。
1846—1854 年	研究藤壶的分类学。
1856 年	开始创作关于自然选择进化论的巨著。
1858 年	收到阿尔弗雷德·拉塞尔·华莱士的来信，信中提到的理论与达尔文自己的几乎一模一样。与华莱士通过伦敦林奈学会发表了联合论文。
1859 年	《物种起源》，全名为《论借助自然选择的方法的物种起源》（ *On the Origin of Species by Means of Natural Selection*)。
1862 年	《不列颠与外国兰花经由昆虫授粉的各种手段》（ *On the Various Contrivances by which British and Foreign Orchids are Fertilized by Insects*)。

1868 年	《动物和植物在驯养下的变异》(*The Variation of Animals and Plants under Domestication*)。
1871 年	《人类的由来及性选择》。
1872 年	《人类和动物的表情》。
1875—1880 年	出版多本植物学著作。
1881 年	《腐殖土的产生与蚯蚓的作用》(*The Formation of Vegetable Mould through the Action of Worms*)。
1882 年	4 月 26 日，在达温宅逝世。安葬于威斯敏斯特教堂。

达尔文的科学著作

就达尔文的绝大多数科学书籍来说，若有不同版本，任挑一版即可。不过我要特别推荐一下《物种起源》的版本。该书先后共出过 6 版，我建议从未读过这本书的人最好读第 1 版（1859 年）。《物种起源》一经出版便招致了大量的议论与批评。达尔文也在随后推出的众多版本中陆续加入了对批评的回应，以及进一步的思考。研究达尔文的学者喜欢从第 1 版读到第 6 版，以追踪他思想的变化过程，但绝大多数读者都只愿选一版读。我推荐第 1 版是因为在这一版中达尔文的论点最清晰，也最简洁。后续版本因他有意无意加入了大量对批评家的回应而越发繁杂了。再者，以现代角度来看，那些批评家都不再重要了，他们批评的正确性从未得到证实，因此，我们显然也没有必要了解达尔文的回复了。现代生物学家所认可的达尔文理论确实不是它原来的样子，但其间的差异并不在达尔文或那些批评家的预料之中。因此，第6版中的理论并不会比第1版更符合现代思维。实际上，这6个版本中的达尔文理论是一模一样的，只是版本越新理解难度就越大而已。目前市面上仍能买到的纸质《物种起源》有多个版本，我建议先对比一下内容，选与第1版（1859年）一样的。

关于达尔文生平的著作

Darwin, C. *Autobiography*. 本书最初只是《查尔斯·达尔文的生平与信件》（*Life and Letters*，1887）中的一个章节，内容上有所删减。完整版在市面上的多个版本中都能看到。

Browne, J. (1995—2002). *Charles Darwin*. 2 vols. Jonathan Cape, London. 在十多部达尔文传记中，这本最具权威性，与任何"标准的"现代传记都很接近。

The Correspondence of Charles Darwin. Cambridge

University Press. 这是一个庞大的学术出版项目，至今仍未完成。达尔文所有已知的通信都会被收录其中，整套图书会分册出版，但具体册数待定。加上书中的编辑注释，整套书形同一部达尔文传记了。

达尔文的观点：第二手信息来源

下面这两本都是最棒的科学评论性书籍，都讨论了达尔文理论的创立及其与后续科学进步的关系。克罗林（Cronin）更关注社会行为，盖斯林（Ghiselin）更关注分类学，两本书所涵盖的内容都很广泛。

Cronin, H. (1991). *The Ant and the Peacock*. Cambridge University Press.

Ghiselin, M. T. (1969). *The Triumph of the Darwinian Method*. University of California Press.

现代的进化观点

理查德·道金斯（Richard Dawkins）是一位极其明显的达尔文主义观点拥护者，他尤其推崇适应与自然选择，不过他的最新著作《先人的故事》（*The Ancestor's Tale*）是关于进化史的。

Dawkins, R. (1986). *The Blind Watchmaker*. W. H. Freeman.

Dawkins, R. (1989). *The Selfish Gene*. 2nd edn. Oxford University Press.

Dawkins, R. (2004). *The Ancestor's Tale*. Weidenfeld & Nicolson.

史蒂芬·杰伊·古尔德〔Stephen Jay Gould〕有大量著名论文，涉及的进化主题范围相当广，其中许多都与达尔文的思想有关。这些论文都是他在逾25年的时间中分别完成的，现已集结成册。

Gould, S. J. (1977). *Ever since Darwin.* W. W. Norton, New York.

Gould, S. J. (1980). *The Panda's Thumb*. W. W. Norton, New York.

Gould, S. J. (1983). *Hen's Teeth and Horse's Toes.* W. W. Norton, New York.

Gould, S. J. (1985). *The Flamingo's Smile.* W. W. Norton, New York.

Gould, S. J. (1991). *Bully for Brontosaurus.* W. W. Norton,

New York.

Gould, S. J. (1993). *Eight Little Piggies.* W. W. Norton, New York.

Gould, S. J. (1996). *Dinosaur in a Haystack*. W. W. Norton, New York.

Gould, S. J. (1998). *Leonardo's Mountain of Clams and the Diet of Worms*. W. W. Norton, New York.

Gould, S. J. (2000). *The Lying Stones of Marrakech*. W. W. Norton, New York.

Gould, S. J. (2002). *I Have Landed*. W. W. Norton, New York.

Jones, S. (1999). *Almost Like a Whale*. Doubleday, London. 后更名再版（2000）: *Darwin's Ghost: The Origin of Species Updated.* Ballantine Books, New York. 史蒂夫·琼斯（Steve Jones）的这本书"更新了"《物种起源》，他沿用了《物种起源》的章节架构，但用现代例子重写了里面的具体内容。史蒂夫·琼斯是一名科学推广者，他的著作可读性强且不失诙谐。

我编写过一些关于进化论的教育类书籍，包括一本大学教材和一本论文集。论文集中收录的都是关于进化论的重要论文，每一篇都出自"大名鼎鼎的"进化生物学家之手。

Ridley, M. (2003). *Evolution.* 3rd edn. Blackwell Publishing.

大学教材。

Ridley, M. (ed.) (2004). *Evolution.* 2nd edn. Oxford Readers series. Oxford University Press. 论文集。

http://pages.britishlibrary.net/charles.darwin/

含有众多达尔文书籍、论文、书信及其他著作的文本。

http://www.literature.org/authors/darwin-charles/

含有可搜索到的《物种起源》(第 1 版和第 6 版)、《人类的由来》和《"小猎犬"号科学考察记》全本内容，以及其他与达尔文有关的资料，比如与达尔文相关的假日。